Hrsg. Marion Wilk & Ernst Matthiesen

AUSGERECHNET BAUER!

Wie Landwirtinnen und Landwirte auf ihr Leben blicken

top agrar

INHALT

VORWORT

BLICK NACH INNEN

BLICK NACH OBEN

BLICK NACH AUSSEN

BLICK NACH VORN

Sie sind ein Symbol für das Landleben: die Strohballen. Knapp 90 Prozent der Fläche Deutschlands ist ländlich geprägt und mehr als die Hälfte der Bevölkerung lebt auf dem Land.

Warum dieses Thema?

Es sind die Landwirtinnen und Landwirte, die die Bevölkerung mit hochwertigen Nahrungsmitteln versorgen – und das ist für ein Land essenziell. Insofern hat die Agrarwirtschaft durchaus eine exponierte Position in der Gesellschaft inne. Zugegeben, diese Tatsache ist nicht neu, und doch lohnt es sich gerade in dieser Zeit, sie zu betonen. Denn in vielen Lebensbereichen finden rasante Entwicklungen statt: Zum einen gibt es immer wieder neue Fakten und Erkenntnisse, die entstehen. Zum anderen geht es um Ansichten, Einschätzungen und Überzeugungen, die ungeahnte Richtungen nehmen. Und von beidem ist auch die Landwirtschaft betroffen.

Fest steht jedenfalls: Einer der ältesten und wichtigsten Berufe der Welt steht vor radikalen Umbrüchen. Manche behaupten sogar, er sei vom Aussterben bedroht. Landwirtinnen und Landwirte tragen sowieso schon eine enorm hohe Verantwortung, müssen mit vielen verschiedenen Bedingungen und Strukturen jonglieren und führen gegenwärtig ein deutlich komplexeres und angespannteres Leben als frühere Generationen von Bauern. Nun befinden sie sich aber vor vielschichtigen Herausforderungen und Veränderungen – und das auf unterschiedlichsten Ebenen: politisch, wirtschaftlich, gesellschaftlich, medial, klimatisch und technologisch.

Gleichzeitig stehen mittlerweile der Wert ihrer Arbeit, die Sinnhaftigkeit ihres Tuns und ihre gesamte Rolle auf einem vielleicht so noch nie da gewesenen Prüfstand. Sie geraten zunehmend in einen – oft negativen – Fokus der Öffentlichkeit. Jedenfalls häufen sich die Vorwürfe: Vor allem geht es da um den

Umwelt- und Naturschutz oder um die berechtigte Frage nach dem Tierwohl. Beides führt wiederum zu einer öffentlichen Diskussion über das Konsumverhalten von tierischen Produkten.

Paradoxerweise scheint es dabei hier und da weiterhin an Informationen und Wissen in der Bevölkerung zu mangeln, was landwirtschaftliche Prozesse angeht. Manches Kind meint auch heute noch, die Milch stamme aus dem Supermarkt, aber nicht von einer Kuh (die es im Zweifel noch nie zu Gesicht bekommen hat). Erwachsene wiederum haben entweder extrem positive oder extrem negative Vorstellungen im Kopf, wenn sie an das Thema Landwirtschaft denken. Jedenfalls sind differenzierte Betrachtungsweisen nicht unbedingt breit gesät, und die Aufregung ist groß – ebenso wie die Erwartungen und Ansprüche auf der einen Seite sowie die Kritik und Anfeindungen auf der anderen. Die Positionen werden zunehmend radikal und stehen sich oft unversöhnlich gegenüber. Mittendrin befinden sich die Bäuerinnen und Bauern.

Über ihr Tätigkeitsfeld wird zwar ständig geschrieben, diskutiert und gestritten, sie selbst kommen dabei aber eher selten zu Wort. Doch wie sehen sich eine Landwirtin, ein Landwirt eigentlich selbst? Was denken sie über ihr Leben, über ihre Arbeitsbedingungen und ihren Berufsstand – und was über die Gesellschaft und ihre Rolle darin? Welches Selbstverständnis trägt sie, und welche Vision? Diese Fragen sind angesichts der zuvor beschriebenen Situation sicherlich sinnvoll und berechtigt.

Wirtschaftliche Bedeutung der Landwirtschaft – Agribusiness im erweiterten Sinne

Wirtschaftsbereiche	**Bruttowertschöpfung**			**Erwerbstätige**		
	2020	**2021**	**2022**v)	**2020**	**2021**	**2022**v)
	in Mrd. Euro			in 1.000		
Vor- u. nachgelagerte Wirtschaftsbereiche	236,2	238,2	236,6	4.673	4.610	4.718
- Handel	95,3	94,6	104,0	1.693	1.704	1.719
- Ernährungsgewerbe	51,0	49,9	52,1	924	924	927
- Gastronomie	21,5	21,4	32,8	1.241	1.176	1.260
- Sonstige	68,4	72,3	74,7	815	806	812
Land-, Forstwirtschaft, Fischerei	**25,2**	**25,8**	**35,7**	**580**	**560**	**557**
Agribusiness zusammen	**261,4**	**264,0**	**299,3**	**5.253**	**5.170**	**5.275**
Alle Wirtschaftsbereiche	3.086,4	3.276,4	3.509,6	44.915	44.984	45.596
dar. Agribusiness in Prozent	***8,5***	***8,1***	***8,5***	***11,7***	***11,5***	***11,6***

Quellen: Statistisches Bundesamt, FHS Südwestfalen v) vorläufig SB24-T11-1b

Foto: © DBV

Bäuerinnen und Bauern sind das Rückgrat im Agribusiness. Ohne sie hätte der vor- und nachgelagerte Bereich nicht die enorme volkswirtschaftliche Bedeutung in Deutschland.

Warum dieses Buch?

In diesem Buch soll es ausschließlich um die Bäuerinnen und Bauern selbst gehen – nur sie kommen hier zu Wort, ganz unkommentiert. Tatsächlich begleitet uns diese Buchidee schon viele Jahre und nicht erst aufgrund der aktuellen Debatten. Seit 2013 leben wir selbst auf dem „platten Land“ in der norddeutschen Elbe-Weser-Region, umringt von Wiesen und Ackerflächen und mit Landwirten in der Nachbarschaft. Durch zahlreiche Gespräche mit ihnen haben wir festgestellt, dass es Bäuerinnen und Bauern an eben dieser Gelegenheit oft mangelt: In Ruhe erzählen zu dürfen, wie sie selbst die Dinge einschätzen, was sie denken und fühlen, und was sie befürchten und sich wünschen. Schließlich hat die vielerorts ruppig, rau und hitzig gewordene Gesellschaft auch für landwirtschaftliche Akteure ein äußerst schwieriges Klima erzeugt, mit dem sie irgendwie umgehen müssen. Sich Gehör zu verschaffen, ist angesichts des Stimmengewirrs schwierig – und wertschätzend zuzuhören, scheint wiederum zu einer seltenen Kunst geworden zu sein.

Die ausgewählten Themen, zu denen sich die Landwirtinnen und Landwirte in diesem Buch äußern, sind vielschichtig und facettenreich. Auch wenn sicherlich nicht alle Aspekte des bäuerlichen Lebens angesprochen werden, so bestimmen die vorliegenden Inhalte doch ganz maßgeblich ihr Leben. Manche Themen haben sich erst durch die intensiven Gespräche entwickelt, wurden von den Bäuerinnen und Bauern selbst eingebracht oder lösten besonders starke Reaktionen aus. Gleichzeitig

Was für die meisten Idylle pur bedeutet, ist für die Landwirte harte Arbeit – gerade wenn es um Milchkühe geht, die auch noch auf die Weide dürfen.

Foto: © Matthiesen&Wilk

Foto: © LV Münster

Das erfolgreiche Buch „Als der Trecker kam und das Pferd verschwand – Landwirte erinnern sich", erschien Ende 2018 im Landwirtschaftsverlag Münster, und gehört dort – ebenso wie der gleichnamige Dokumentarfilm – zum festen Programm.

gibt es unterschiedlichste persönliche Schwerpunkte: Nicht jede Bäuerin und jeder Bauer hat zu allem gleich viel zu sagen. Doch alle sind mit hoher Kompetenz, außerordentlicher Überzeugung und größtem Engagement dabei.

Übrigens korrespondieren ihre Erzählungen und Einschätzungen auch mit dem Sujet unseres ersten Buches: „Als der Trecker kam und das Pferd verschwand - Landwirte erinnern sich". Es thematisiert die Einführung des Schleppers und lässt wiederum Zeitzeugen zu Wort kommen, die um 1950 herum selbst als Landwirte diesen einmaligen Wechsel mitgemacht haben. Und die damals einen völlig anderen Status genossen: Vor rund 70 Jahren galt ein Bauer in seinem Dorf durchaus noch als „König" - ob nun geachtet oder beneidet. Das klingt mittlerweile wie ein Mythos. Darüber können heutzutage auch Landwirtinnen und Landwirte nur noch müde - oder wehmütig - lächeln.

Für das Buch haben wir übrigens nicht nur geeignete Gesprächspartnerinnen und Gesprächspartner gesucht, sondern ebenso entsprechendes Bildmaterial recherchiert. Denn unser Anliegen war auch, durch thematisch geeignete Abbildungen die Wortbeiträge zu veranschaulichen oder weitere inhaltliche Aspekte hinzuzufügen. Auf eigene Autorentexte haben wir dagegen selbstverständlich verzichtet, eben um die Schilderungen der Landwirtinnen und Landwirte unkommentiert stehen und wirken zu lassen. Ihre Ausführungen werden zwecks größtmöglicher Authentizität vollständig in direkter Rede wiedergegeben - wobei wir hier anmerken möchten, dass sämtliche Personenbezeichnungen im Buch, die nicht geschlechtsspezifisch ausformuliert sind, selbstverständlich immer als geschlechtsneutral zu verstehen sind.

Warum diese Protagonistinnen und Protagonisten?

Das Thema dieses Buches machte die Suche nach geeigneten Gesprächspartnerinnen und Gesprächspartnern durchaus etwas heikel. Wer sich immer wieder Vorwürfen oder Anfeindungen ausgesetzt sieht, ist schließlich nicht unbedingt bereit, die eigenen Gedanken nach außen zu tragen und dadurch gegebenenfalls weitere Kritik auf sich zu ziehen. Entsprechend gab es einige – bedauernswerte, aber eben verständliche – Absagen auf unsere Anfragen. Doch es gab ebenso gegenteilige Reaktionen: Einige Landwirtinnen und Landwirte waren so begeistert von diesem Projekt, dass sie sofort zusagten.

Insgesamt haben wir bei der Auswahl vier wichtige Kriterien berücksichtigt: Zum einen wollten wir Protagonistinnen und Protagonisten aus möglichst vielen Bundesländern einbinden, da die Landwirtschaft in den verschiedenen Regionen Deutschlands unterschiedlichen Bedingungen unterliegt und sich daraus auch entsprechend differenzierte Einschätzungen ergeben können. Zum anderen war uns wichtig, weibliche und männliche Gesprächspartner unterschiedlichsten Alters zu gewinnen: Ein junger Mensch, der am Anfang seiner landwirtschaftlichen Laufbahn steht, hat sicherlich einen anderen Blick auf die Dinge als eine Person kurz vor dem Rentenalter. Außerdem ging es uns darum, möglichst alle relevanten Sparten bäuerlicher Familienbetriebe einzubinden: Milchvieh-, Schweine- und Geflügelhaltung ebenso wie Getreide- und Gemüseanbau – und das wiederum in unterschiedlichen Betriebsgrößen. Immerhin entstehen auch dadurch wieder Umstände, die die Erfahrungen unterschiedlich prägen. Und zusätzlich sollten Akteure sowohl aus konventionell als auch aus ökologisch arbeitenden Betrieben zu Wort kommen – auch wenn die Mehrheit der Bauernschaft weiterhin konventionell tätig ist.

So eröffnen nun Landwirtinnen und Landwirte aus acht Bundesländern ihre ganz eigene Gedankenwelt und erzählen von ihrem Leben im bäuerlichen Familienbetrieb: der jüngste ist keine 30 Jahre alt, der älteste 70. So unterschiedlich ihre thematischen Schwerpunkte, Einschätzungen und Haltungen auch sein mögen, in zwei Punkten sind sich alle Bäuerinnen und Bauern einig: Ihr Beruf ist nicht irgendein Broterwerb, sondern Berufung. Und: Die Landwirtschaft ist unverzichtbar und elementar für die Gesellschaft, will sie sich denn qualitativ hochwertig und dabei so unabhängig wie möglich von internationalen Warenströmen ernähren. Natürlich stehen die Befragten nicht stellvertretend für alle landwirtschaftlichen Akteure in diesem Land.

Jedoch zeichnen sie ganz exemplarisch ein breit gefächertes Bild von Landwirtinnen und Landwirten, das zum Innehalten anregt.

In diesem Zusammenhang möchten wir allerdings betonen, dass es sich bei den Schilderungen um individuelle Einschätzungen handelt – insofern kann nicht gewährleistet werden, dass alle von den Bäuerinnen und Bauern formulierten Sachverhalte faktisch richtig sind oder vollumfänglich dargestellt werden. Überhaupt erhebt das Buch keinen Anspruch auf Vollständigkeit, was Aspekte und Dimensionen der heutigen Landwirtschaft oder des landwirtschaftlichen Berufsstandes betrifft. Es versteht sich auch keineswegs als Beitrag zur aktuellen agrarpolitischen Debatte. Vielmehr will es nachdenkenswerte Einblicke in die Lebenswirklichkeit und Gedankenwelt von Landwirtinnen und Landwirten ermöglichen – authentisch, wahrhaftig und jenseits der Aufgeregtheit gegenwärtiger Diskussionen.

In diesem Sinne wünschen wir allen Leserinnen und Lesern spannende Einblicke und viel Freude mit dem Buch!

Marion Wilk und Ernst Matthiesen,
im August 2024

Foto: © Matthiesen&Wilk

Wenn die reifen Getreideähren in der Abendsonne glänzen, machen sich viele Landwirtinnen und Landwirte für den wichtigsten Arbeitseinsatz des Jahres bereit: die Erntezeit.

DIE PROTAGONISTINNEN UND PROTAGONISTEN

Katharina aus Nordrhein-Westfalen
Milchbäuerin und Hofnachfolgerin

Jürgen aus Niedersachsen
Kartoffelbauer und Direktvermarkter

Sven aus Sachsen
Geflügelbauer und Direktvermarkter

Felix aus Schleswig-Holstein
Biobauer und Agroforst-Landwirt

Rainer aus Bayern
Strohschweinhalter und Gasthausbetreiber

Christa-Maria aus Mecklenburg-Vorpommern
Ackerbäuerin und Quereinsteigerin

Michael aus Bayern
Milchbauer und Molkereibetreiber

Peter aus Schleswig-Holstein
Kohlbauer und Weidetierhalter

Armin aus Baden-Württemberg
Biobauer und Ölmühlenbetreiber

Helmut aus Hessen
Altenteiler und Milchbauer

Sämtliche Bildnachweise sind auf der Seite 191 zu finden.

CLAAS

BLICK NACH INNEN

Foto: © Matthiesen&Wilk

„Es gibt schon viel zu tun."

Unser Tag beginnt so zwischen fünf und halb sechs morgens. Meine Eltern kümmern sich um die Kühe und den Melkroboter. Ich gehe in die Produktion, bringe die Milch in die Molkerei und beginne mit dem Pasteurisieren – abhängig vom Wochentag werden dann unterschiedliche Produkte hergestellt wie Milch, Eis, Joghurt oder Frischkäse. Und am Nachmittag fallen immer viele verschiedene Aufgaben an, mit Kunden oder auf dem Betrieb selbst. Meine Frau erledigt unterdessen vor allem die Büroarbeit samt der Buchführung.

Milchbauer Michael

In erster Linie kümmere ich mich um Büro und Verwaltung, übernehme aber auch Arbeiten auf den Feldern. Da ich einen T-Führerschein habe und Trecker fahren kann, helfe ich beispielsweise in der Erntezeit beim Abfahren, wende Heu oder walze.

Ackerbäuerin Christa-Maria

Ich bin auf dem Hof verantwortlich für das Gesundheitsmanagement der Tiere, besonders bei den Kälbern, und übernehme einmal in der Woche auch das Melken. Ich kümmere mich aber auch um das organisatorische Drumherum und um die Personalführung im landwirtschaftlichen Bereich. Gleichzeitig bin ich zuständig für die gesamte Außenwirtschaft, also wie wir unsere Felder bestellen – und natürlich für die ganze Agroforst-Wirtschaft. Ich bin auch mit dem Trecker unterwegs, erledige einige Feldarbeiten, kümmere mich ebenso um das Gemüse. Wir haben hier einen großen Selbstversorger-Garten und bauen darüber hinaus Kürbisse und Knoblauch an, was wir über die Selbstvermarktung verkaufen. Dann bin ich verantwortlich für eine kleine Baumschule, in der wir Speisepilze auf Holz kultivieren. Insgesamt arbeite ich rund 60 Stunden in der Woche.

Biobauer Felix

Es gibt schon viel zu tun, um den täglichen Betrieb am Laufen zu halten. Beispielsweise übernehme ich zusammen mit einem Mitarbeiter die Versorgung der Tiere; meine Frau und ich müssen uns außerdem um den Hofladen kümmern – und zusätzlich fahre ich zwei Tage in der Woche auf Märkte. Dann geht es natürlich auch um die üblichen Bestellungen, wie beispielsweise vom Futter. Hinzu kommt die Kommunikation mit den Mitarbeitern: Sie müssen wissen, was sie aktuell zu tun haben, denn die Aufgaben sind nicht täglich gleich. Manchmal muss man auch nachschauen, ob alles wirklich so klappt, wie man es sich vorstellt. Zu all dem kommt noch der

Foto: © Landwirt schafft Leben GmbH

Laut dem Statistischen Bundesamt gab es im November 2023 mehr als 50.000 Bauernhöfe mit Milchviehhaltung in Deutschland. Dabei halten knapp 27 % der Milchviehbetriebe zwischen 50 und 99 Kühe.

ganze Bürokratieaufwand, der abgearbeitet werden will. Es ist also ein vielseitiger Tagesablauf – zwar gibt es ein paar feste Strukturen, ansonsten mache ich aber spontan all das, was gerade zu regeln ist.

Geflügelbauer Sven

Wir haben drei Bereiche: Das sind die Landwirtschaft als solche, die Vermarktung und die Ölmühle.
Bei der Landwirtschaft ist es so, dass meine Frau für die ganze Innenwirtschaft und die Tiere zuständig ist. Ich kümmere mich da nur um die Futtergewinnung und Mistausbringung. Dafür habe ich den gesamten Ackerbau übernommen, ebenso den Verkauf auf dem Wochenmarkt sowie die Ölmühle. Für die bin ich hauptverantwortlich – ob es nun um Kunden, Abnehmer, Flaschen- und Rohstoffbestellung oder die Ölpressung selbst geht.

Biobauer Armin

Foto: © Guido Höner

Ob bei der Feldarbeit oder auf dem Hof: Treckerfahren gehört zum bäuerlichen Alltag. Doch der Umgang mit den unterschiedlichsten Maschinen will gelernt sein.

Mein Arbeitsalltag startet morgens um halb sieben und endet gegen 17.00 Uhr. Tiere füttern und pflegen, ausmisten, Weiden kontrollieren und natürlich ackern – es gibt ständig etwas zu tun! Im Winter muss zusätzlich natürlich noch der ganze Kohl geputzt werden. Für all das sollte man nicht nur körperlich fit sein, sondern auch über eine Menge Kenntnisse verfügen – ob nun über die Böden, die Pflanzen oder Tiere. Hinzu kommen die Technik mit GPS sowie die ganze Bürokratie – all das wird ja alles immer wichtiger und mehr. Trotzdem sehe ich diese Entwicklungen als Chance, meine unternehmerischen Fähigkeiten zu verbessern und mich kontinuierlich weiterzuentwickeln.

Kohlbauer und Weidetierhalter Peter

„Als Landwirt muss man vielseitig und flexibel sein!“

Neben den fachlichen Kenntnissen, die man schon haben sollte, braucht der Landwirt auf jeden Fall auch Organisationsvermögen – es sind ja immer akute Herausforderungen zu bewältigen, allein wenn es um plötzliche Wetterereignisse geht. Gleichzeitig muss man auch eine gewisse Stressresistenz haben. Und außerdem – gerade wenn man Direktvermarktung betreibt – ist kommunikatives Vermögen das A und O. Man muss gut mit Kunden umgehen können!

Geflügelbauer Sven

Ein gewisses handwerkliches Geschick muss man als Landwirt aber auch mitbringen – wenn man zwei linke Hände hat, wird es schwierig! Außerdem sollte man lösungsorientiert und entschlussfreudig sein. Auch Neugierde, Beobachtungsgabe und Kreativität sind wichtig. Gerade in der Biolandwirtschaft muss vieles vorausschauend überlegt werden: Sobald man gesät hat, ist der Zug abgefahren. Man muss gut mit der Fruchtfolge umgehen. Denn der Humusaufbau hat etwas mit den Zwischenfrüchten und der organischen Düngung zu tun. Es braucht also ein Zusammenspiel aus Beobachtung, Neugierde und Freude am Ausprobieren.

Biobauer Armin

Man muss sich gut mit den Schleppern und Maschinen auskennen, überhaupt ein Verständnis für die Technik haben. Gleiches gilt für das Saatgut. Damit muss man sich auch gut auskennen! Und zusätzlich geht es natürlich um die ganzen Vertrags- und Geldgeschäfte sowie um all die Anträge und Dokumentationen. Ich würde sagen, insgesamt braucht man juristische und buchhalterische Kenntnisse. Gleichzeitig ist man Mechatroniker, Einkäufer, Bodenkundler und Biologe – man deckt da eigentlich viele Berufsfelder ab. Manchmal geht man zwar an sein Limit und darüber hinaus, dafür gibt es aber auch wieder andere Tage, wo man sagt: „Heute bleib ich einfach liegen, heute mach ich mal gar nichts.“

Ackerbäuerin Christa-Maria

Neben der normalen Arbeit auf dem Acker steht man mal schnell zwei Stunden als Schlosser in der Werkstatt, weil etwas kaputt gegangen ist, oder man sitzt am PC wegen der Dokumentation. Und natürlich schaut man von früh bis spät immer wieder im Stall nach den Schweinen, ist quasi ein halber Tierarzt. Als Landwirt muss man vielseitig und flexibel sein!

Strohschweinhalter Rainer

Logistik und Lagerung – ein Bereich, den der Landwirt nicht nur als Gemüsebauer beherrschen muss.

Foto: © Privatfoto Peter

Die nötigen Kenntnisse, die ich als Landwirtin brauche, sind tatsächlich vielfältig: Das geht von Baurecht über Stallbau und Lebensmittelhygiene, sprich Milchkühlung und -verarbeitung, bis hin zu Tiergesundheit und Ackerbau. Ich muss schließlich den Erntezeitpunkt im Blick haben, und natürlich das Wetter – mein erster Blick morgens gilt immer der Wetter-App. Dann muss ich auch noch ausbilden und das politische Geschehen im Blick haben. Man muss quasi in die Zukunft orakeln, was auf einen zukommen könnte.

Milchbäuerin Katharina

Bei uns ist der Arbeitsalltag schon etwas extrem, da unser Betrieb auf einem Kreislauf basiert: Die Gülle von den Kühen kommt in die Biogasanlage; die Anlage erzeugt Strom und Wärme; die Wärme wird wieder in der Molkerei gebraucht – und wenn irgendwo etwas ausfällt, dann betrifft das eigentlich den ganzen Betrieb. Insofern müssen wir schon vieles vorausdenken, um alles im Blick zu haben und gleichzeitig viel ausprobieren. Ich glaube, das ist so die wichtigste Eigenschaft für uns: Dranbleiben, ausprobieren und dazulernen. Und die zweitwichtigste Eigenschaft: Durchhalten – und nicht gleich aufgeben, wenn etwas nicht klappt oder schwierig wird! Ich glaube, diese Eigenschaft zeichnet uns Landwirte sowieso aus, auch weil wir unheimlich abhängig sind vom Wetter und uns immer spontan darauf einstellen müssen.

Milchbauer Michael

Als ich als junger Mann mit der Landwirtschaft angefangen habe, war der Beruf einfacher – es gab nicht so viele und nicht so große Veränderungen. Aber was heute alles so anfällt, vor allem auch durch diese staatliche Gängelung, was Landwirte noch dürfen und was nicht – das würde ich nicht mehr mitmachen, das regt mich auf! Mein Sohn sieht das natürlich anders. Er sagt: „Das ist eben so, das sind nun mal die Auflagen und Gesetze.“ Ich bin jedenfalls froh, dass ich den Betrieb nicht mehr leiten muss. Und ich hätte es meinem Sohn auch nicht verübelt, wenn er aufgehört und sich etwas anderes, Leichteres gesucht hätte. Dann hätte ich den Hof eben verpachtet. Auf keinen Fall würde ich es so machen wie andere in meinem Alter, die noch mit der Krücke auf den Traktor steigen, um aufs Feld zu fahren.

Altenteiler Helmut

Grundsätzlich erleben wir jedenfalls schon, dass wir im Laufe der Jahre immer mehr Aufgaben haben, immer mehr Kenntnisse brauchen. Wir müssen uns immer wieder auf neue Situationen einstellen, auch weil die politischen und gesellschaftlichen Umstände sich verändern und überhaupt sehr wechselhaft sind. Wir müssen deshalb offen sein für Veränderungen, und wir müssen uns immer wieder etwas Neues antrainieren. So wie unsere Eltern den Hof geführt haben, können wir das gar nicht mehr machen, weil das teilweise gar nicht mehr gestattet ist.

Milchbauer Michael

Hätte man mich vor 15 Jahren gefragt, wie ich mir meine Arbeit als Landwirt vorstelle, dann hätte ich gesagt: auf dem Trecker, im Melkstand und ab und zu mal ein bisschen im Büro. In meiner Ausbildung wurde ich jedenfalls nicht gut genug vorbereitet auf das, was dann tatsächlich auf mich zugekommen ist. Allein die Mitarbeiterführung – ich kenne kaum noch einen Betrieb, der keine Mitarbeiter hat, und die meisten von uns sind zwar Super-Landwirte, aber ganz bescheiden in der Personalführung. Dementsprechend haben sie Probleme mit ihren Mitarbeitern. Das ist ein Thema, was sehr viele Landwirte betrifft. Sie werden also vom Einzelkämpfer zum Chef mit mehreren Angestellten, die dann oft nicht so arbeiten wie man selbst – und das ist für den einen oder anderen doch sehr frustrierend.

Kartoffelbauer Jürgen

Arbeitskräfte in landwirtschaftlichen Betrieben 2020

in %

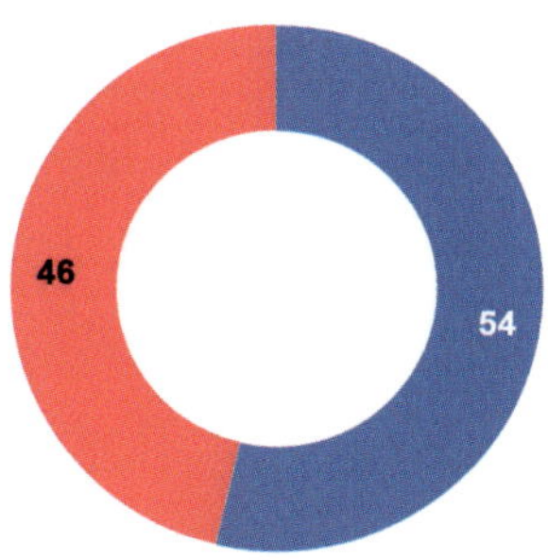

familienfremde Arbeitskräfte [1]   Familienarbeitskräfte

1 fasst Saison- und ständige Arbeitskräfte zusammen.

Immer mehr Betriebe können nicht mehr allein durch Familienmitglieder bewirtschaftet werden. Der Anteil der Angestellten auf den Höfen wächst. Personalmanagement und -führung werden ein wichtiger Bestandteil der Arbeit.

Bei mir sind Fortbildungen und Veranstaltungen fester Bestandteil meines Winterprogramms, obwohl sie zusätzliche Zeit und Kosten verursachen. Doch ich betrachte sie als wertvolle Investition in meine persönliche und berufliche Weiterentwicklung sowie in die Zukunft meines Betriebs. Die Anpassung an die neue Agrarpolitik erforderte Zeit und Engagement, um unsere Betriebsabläufe entsprechend zu verändern. Als moderner Landwirt ist es aber unerlässlich, stets flexibel zu bleiben und auf Veränderungen schnell zu reagieren. In unserer Branche ist Stillstand keine Option mehr!

Kohlbauer und Weidetierhalter Peter

Auf der einen Seite bin ich Landwirt, auf der anderen Seite ein Unternehmer. Dann bin ich ein Betriebsentwickler, gleichzeitig Personalchef und Außendienstler für Kunden, außerdem Ansprechpartner im Dorf für die Verpächter. Zusätzlich bin ich ein halber Banker, Steuerberater, Buchhalter und Bürokrat. Das ist Fluch und Segen zugleich.

Kartoffelbauer Jürgen

Tierhaltung macht den bäuerlichen Alltag noch komplizierter, denn die Verantwortung für die Lebewesen besteht rund um die Uhr – 365 Tage im Jahr.

„Der Beruf des Landwirts ist nicht wie jeder andere.“

In der Landwirtschaft ist es eben so: Irgendetwas ist immer, und Du bist nie fertig. Allein wenn mit den Tieren etwas ist, dann schaut man eben auch noch mal mitten in der Nacht und kümmert sich. Und dass man nicht abschalten kann, daran würden andere vielleicht zugrunde gehen. Das ist ein fundamentaler Unterschied zu vielen anderen Berufen.

Milchbauer Michael

Wir haben die Verantwortung für unsere Tiere, ich hab die Verantwortung für die Böden – und das nachts um drei oder morgens um sechs: Ich lebe in und mit in dieser Verantwortung. Aber es hat ja auch Vorteile. Es gibt einem etwas, es hat eine gewisse Wichtigkeit im Leben.

Biobauer Armin

Landwirt ist schon ein Beruf wie jeder andere – und er hat Vor- und Nachteile wie jeder andere Beruf auch. In der Landwirtschaft habe ich eben nicht die typisch geregelten Arbeitszeiten, sondern saisonbedingt Arbeitsspitzen. Dafür habe ich dann aber wiederum auch mehr Freiräume. Das ist auch eines der Dinge, die mir persönlich so gut an dem Beruf gefallen: Ich kann schnell mal etwas zwischendurch erledigen, zum Beispiel die Tochter von der Schule abholen.

Geflügelbauer Sven

Der Beruf des Landwirts ist definitiv nicht wie jeder andere! Wir sind einfach vom Wetter abhängig – und damit schon sehr verletzlich, auch bei der Arbeit mit den Tieren!

Kohlbauer und Weidetierhalter Peter

Natürlich gibt es Unterschiede zu anderen Berufen, vor allem im Verhältnis von Arbeits- und Urlaubszeit – und in dem Selbstverständnis gegenüber der Arbeit überhaupt. Während es für mich und viele Kollegen so ist, dass sich die Arbeit nicht so wie Arbeit anfühlt, habe ich den Eindruck, dass immer mehr Menschen einen Beruf haben, der sie nicht wirklich glücklich macht. Die powern die Woche voll durch und arbeiten nach Stechuhr, um nicht länger als nötig am Arbeitsplatz zu bleiben. Der Cut zwischen Arbeit und Freizeit ist sehr hart. Unser Beruf ist eher so eine Lebenseinstellung und deshalb ist alles irgendwie entspannter, selbst wenn es mal hektisch wird.

Milchbäuerin Katharina

Foto: © Landwirt schafft Leben GmbH

Kühe sind einzigartige Individuen und meine große Leidenschaft!

Katharina (*1993) aus Nordrhein-Westfalen
Milchbäuerin und Hofnachfolgerin

Schon als Kind spielte sie im Stall und half beim Melken. Seitdem liebt Katharina die Kühe heiß und innig.

Auf unserem Hof gibt es 140 Kühe, insgesamt haben wir etwa 300 Rinder mit Kälbern und Jungvieh – alles Milchvieh. Wir bewirtschaften 170 Hektar Fläche, davon 90 Hektar Acker und 80 Hektar Grünland. 66 Hektar sind unser Eigentum, der Rest ist gepachtet. Wir befinden uns hier im Naturschutzgebiet mit viel Grünland, bauen Weizen, Silo- und Körnermais an. Das meiste davon dient der Futtergewinnung für unsere eigenen Tiere, einen Teil verkaufen wir aber auch.

Auf dem Hof leben vier Generationen: Meine Tochter, mein Mann und ich, meine Eltern und meine Oma. Zusätzlich bilden wir auf dem Hof noch einen Lehrling aus. Wir sind tatsächlich ein ganz klassischer Familienbetrieb. Mein Mann ist allerdings kein Landwirt, sondern in der Logistik-Branche tätig. Wir sind übrigens ein konventioneller Betrieb und stehen auch komplett dahinter. Wir haben keinen Direktvertrieb, sondern arbeiten mit einer Privatmolkerei zusammen, die nur wenige Minuten von uns entfernt ist. Die Molkerei produziert hauptsächlich für einen großen Kuchenhersteller, der auch hier in der Nähe ist. Es bleibt also alles in der Region. Dieser direkte Bezug ist uns auch sehr wichtig.

2015 haben wir einen neuen Kuhstall gebaut, der sowohl für die Tiere als auch für uns sehr komfortabel ist. Die Tiere haben direkten Zugang zum Laufhof, der immer geöffnet ist. Wir haben so eine Art Fitnessuhr für die Kühe. Das ist ein Tracking-System am Fuß. Dadurch sehen wir, wenn es Abweichungen gibt. Gekoppelt mit unserem Melksystem haben wir viele Daten und können die Tiere viel besser unter Beobachtung halten. Tierwohl wird bei uns großgeschrieben! Das Milchleistungsfutter wird auch über diese Tracker zugeteilt. Wir versuchen, vieles digital zu machen, aber alles funktioniert noch nicht. Wir melken übrigens weiterhin in einem modernen Melkstand und haben uns ganz bewusst gegen einen Melkroboter entschieden. Es ist uns sehr wichtig, dass alle Kühe täglich zweimal durch die Hand gehen und wir wissen, dass es den Tieren gut geht. Schon als Kind habe ich beim Melken geholfen und mir mein Taschengeld damit aufgebessert. Ich melke gerne, es ist eine entspannte Arbeit und man kommt runter vom Alltagsstress.

Ich habe nach dem Abitur eine Ausbildung zur Landwirtin gemacht und bin anschließend in die USA gegangen. Dort habe ich drei Monate als Herdenmanagerin auf einer Farm gearbeitet und im Rahmen eines Auslandssemesters Tierwissenschaft und Agribusiness studiert. Nebenher war ich außerdem als Assistentin bei einer deutschen Tierärztin angestellt. Mir wurde in der Zeit aber klar, dass ein Studium nichts für mich ist, ich wollte praxisbezogener arbeiten. Zurück in Deutschland, habe ich deshalb die Fachschule absolviert, bin staatlich geprüfte Agrarbetriebswirtin und darf auch ausbilden. 2018 habe ich mich entschieden, in die GbR meines Vaters und seines Partners einzusteigen – eine Zusammenlegung von zwei Betrieben, die schon seit 20 Jahren existiert, und für die wir sehr dankbar sind: Gemeinsam sind wir stärker und resilienter.

Kühe sind meine große Leidenschaft! Sie sind total süß und flauschig. Gleichzeitig hat jede Kuh ihren eigenen Kopf, ihren eigenen Charakter – es sind eben Individuen. Die Kühe haben bei uns alle Namen, die ich auch fast alle kenne. Die Tiere von klein auf bis zum letzten Tag zu begleiten, das finde ich jedenfalls unglaublich schön.

Auf dem Familienbetrieb leben vier Generationen unter einem Dach – und Katharina ist bald die Chefin.

„Das Einkommen müsste eigentlich höher sein!"

An sich bin ich mit meinem Einkommen schon sehr zufrieden. Dadurch, dass ich auf dem Hof arbeite und gleichzeitig lebe, komme ich auch nicht so sehr in die Versuchung, privat viel Geld auszugeben. Aber Spaß beiseite: Ich würde sagen, bisher lohnt es sich. Und wenn es sich einmal mit 140 Kühen nicht mehr lohnen sollte, dann lohnt es sich bestimmt auch nicht mit 300 Kühen. Und wenn ich mehr Geld verdienen wollte, müsste ich eben auch etwas anderes machen, aber dann wäre ich nicht mehr glücklich!

Milchbäuerin Katharina

Das Einkommen müsste eigentlich höher sein. Wenn ich das vergleiche mit dem, was ich früher als Festangestellter verdient habe, dann ist das jetzige Geld zu wenig. Ich arbeite mindestens 80 Stunden die Woche – im Stall, auf dem Acker, im Büro und in der Gastwirtschaft. Eigentlich müsste ich das doppelte Einkommen haben, aber das habe ich natürlich nicht. Zurzeit ist es für uns auch schwieriger geworden wegen der Kaufkraft der Kunden. Die Leute schauen mehr auf ihr Geld, gleichzeitig wird überall weniger Fleischkonsum propagiert. Der ist jedenfalls spürbar zurückgegangen – und das macht uns natürlich Sorgen!

Strohschweinhalter Rainer

Ich möchte nicht behaupten, dass es uns vom Einkommen her schlecht geht, aber wenn ich die ganze Arbeit sehe, die mein Sohn, meine Frau und ich täglich betreiben, und dafür den Stundenlohn ausrechne, dann kann ich damit nicht zufrieden sein! Hinzu kommt, das merke ich jetzt im Alter, dass man nervlich immer angespannt ist. Man ist 24 Stunden am Tag mit den Gedanken im Betrieb. Wenn ich nachts wach werde und da schreien Tiere, dann muss ich aufstehen und nachsehen, was los ist. Man ist jedenfalls immer in der Verantwortung und wie ein Arzt in ständiger Bereitschaft.

Altenteiler Helmut

Ich lebe hier frei auf dem Hof: Ich habe ein 20 Quadratmeter großes Zimmer und zahle keine Miete, bezahle nichts für das Essen und kann eines unserer Fahrzeuge nutzen. Darüber hinaus bekomme ich im Monat 500 Euro ausgezahlt. Wenn man das alles zusammenrechnet, komme ich auf ein Nettoeinkommen von rund 1.300 Euro – für 60 Wochenstunden Arbeit. Für den Aufwand, die Zeit, die Verantwortung und das Risiko, das ich insgesamt trage, ist der Verdienst absolut nicht angemessen. Auf der anderen Seite ist es ein Stück weit die eigene Schuld als Unternehmer, wenn man sich selbst nicht gut genug bezahlen kann. Doch ich lege einen ganz großen Fokus darauf, für mich und meine Mitmenschen zu arbeiten und einen Mehrwert für unsere Gesellschaft zu schaffen. Das wird eben nicht honoriert und deswegen kann ich mir auch nur so wenig auszahlen.

Biobauer Felix

In Coronazeiten war unser Lohn schlechter als der von einem unserer Minijobber. Aber man kann es auch andersherum sehen: Wir werden nicht verhungern! Wenn man das, was man tut, gerne tut, dann hat man viele schöne Stunden. Wenn man das in den Vordergrund stellt, dann relativiert sich das mit dem Einkommen schon. Und wenn man mal in andere Länder schaut, können wir nur feststellen: Tatsächlich haben wir doch alles.

Milchbauer Michael

Seit 1999 sind wir im Vollerwerb und bis zum Jahr 2015 haben meine Frau und ich rund 30.000 bis 40.000 Euro im Jahr erwirtschaftet. Irgendwann haben wir es dann geschafft, auf 50.000 bis 70.000 Euro jährlich zu kommen. Das entspricht ungefähr dem Einkommen eines Arbeiterhaushalts, obwohl wir vielleicht etwas mehr arbeiten. Wir sind mit unserem Einkommen jedenfalls zufrieden. Wir dürfen es eben nie vergleichen – und wenn ich es nicht vergleiche, ist es okay.

Biobauer Armin

Foto: © BLE

Auf den ersten Blick sieht das in den jüngsten Jahren erzielte bäuerliche Einkommen ganz gut aus. Vergessen wird dabei aber, dass viele Landwirte mit enormen Kosten zu kämpfen haben. Und manche müssen sogar ihr Eigentum veräußern, um überleben zu können.

Foto: © Matthiesen&Wilk

Weizen wird in Deutschland am meisten angebaut. Pro Hektar kostet das Saatgut je nach Sorte, Qualität und Menge mehr als 200 Euro.

„Manchmal explodieren die Preise, da wird einem schlecht!"

Die ständigen Betriebskosten umfassen zum Beispiel die Verschleißteile: Wir haben hier verschiedene Böden, und wenn wir ackern, brauchen wir oft neue Pflugschare oder Grubberschare. Die kosten mal eben mehrere tausend Euro, halten aber bei uns nicht lange. Außerdem haben wir Kosten für Saatgut, Pflanzenschutz, Dünger und natürlich Diesel. Und manchmal explodieren die Preise, da kostet eine Tonne Dünger plötzlich 1.000 Euro – da wird einem schlecht. Die Bestellung von Saatgut ist beispielsweise auch manchmal problematisch. Man muss bestellen, aber es gibt noch gar keinen Preis. Das heißt, man bestellt im Frühjahr quasi blind. Und wir brauchen allein vom Saatgut für unseren Betrieb eine große Menge. Das sind schon ein paar Lkw voll.

Ackerbäuerin Christa-Maria

Wir schaffen hier mit dem landwirtschaftlichen Betriebszweig einen Umsatz von etwa 300.000 bis 350.000 Euro im Jahr, also ohne die Vermarktung. Da ist am Ende nicht viel über. Nachdem alle Gehälter bezahlt sind, haben wir in einem guten Jahr einen Reingewinn von rund 30.000 bis 40.000 Euro. Die Betriebskosten liegen für den landwirtschaftlichen Bereich bei ungefähr 200.000 Euro, das sind Kosten wie Elektrizität, Wasser, Diesel und Saatgut, Versicherungen, Gehälter sowie Abschreibungen von den Wirtschaftsgebäuden und Maschinen.

Biobauer Felix

Wir haben eine Betriebsgröße, wo mich die Kosten nicht so extrem berühren. Klar, auch wir haben Kosten, aber das sind in erster Linie Ausgaben für Diesel, Strom und Reparaturen. Zukauf von Futter benötigen wir nicht, und für unsere Rinder brauchen wir lediglich 70 bis 80 Heu- und Siloballen. Insofern können wir bei vielen Sachen mit kleinen Lösungen klarkommen. Bei uns spielt sich das alles auf einem niedrigeren Level ab.

Biobauer Armin

Wir brauchen über das Jahr gerechnet Pflanzkartoffeln, Dünger, Pflanzenschutz und Diesel – da kann man etwa 3.000 Euro pro Hektar rechnen. Das sind bei unserer Größe ungefähr 150.000 Euro Betriebskosten, inklusive der Löhne für unsere Mitarbeiter.

Kartoffelbauer Jürgen

Bei uns sind die laufenden Betriebskosten in erster Linie die Löhne und das Futtermittel. Da wir Mischfutter zukaufen, kommt da schon ein gutes Sümmchen zusammen, zumal die Preise in den letzten Jahren teilweise extrem waren. Da sind die Preise für Getreide explodiert, und wenn das so auf einmal kommt, ist das schon eine heftige Nummer. Und irgendwie muss ich dann die Kosten auf die Kunden umlegen, aber wenn ich sie draufschlage, habe ich bald keine Kunden mehr. Das ist eben eine Gratwanderung!

Geflügelbauer Sven

Foto: © DBV

Für Tierhalter ist es besonders teuer: Futtermittel machen die meisten Betriebsausgaben aus, gefolgt von Landmaschinen und Dünger.

Die Bayerische Landesanstalt für Landwirtschaft (LfL) errechnete 2023, dass für einen Neubau – ohne Gülle- und Futterlager – rund 18.100 Euro brutto pro Kuhplatz investiert werden müssen. Damit sind die Baukosten, laut LfL, seit 2015 um 63 % gestiegen.

„Wir hantieren schon mit ganz anderen Zahlen als viele unserer Mitmenschen."

Als ich einmal Land gekauft hatte – das lag mitten in meinen Flächen, insofern hatte ich den Druck, es erwerben zu müssen – da habe ich das erste Mal in meinem Leben einen Vertrag über eine Million Euro unterschrieben und zweimal tief Luft geholt: einmal beim Notar, und einmal bei der Bank. Das war meine erste große Investition. Wenn ich etwas Großes kaufen muss, bleibe ich immer meiner Devise treu, einmal darüber schlafen und in Ruhe überlegen: Muss ich das, kann ich das, will ich das? Denn mit einem so hohen Kredit ist man ja über Jahre verschuldet. Und manche Summen kann man im eigenen Leben gar nicht abbezahlen. Das ist eine unheimlich große Belastung. Insofern geht es auch immer um dieses Risiko, das wie ein Damoklesschwert über einem schwebt.

Ackerbäuerin Christa-Maria

Als wir vor vielen Jahren einen neuen Laufstall für unsere Kühe gebaut haben, da mussten wir etwa 400.000 Euro investieren. Das war schon eine enorme Größenordnung. Dazu muss ich allerdings sagen, dass ich mich nie hoch verschuldet habe. Stattdessen habe ich immer versucht, ein neues Projekt mit möglichst viel Eigenkapital finanzieren zu können. Es gab ja sehr unterschiedliche Zeiten. In manchen Jahren fielen nur wenig Zinsen an, aber es gab auch andere Zeiten, da stiegen die Kreditzinsen auf sieben bis acht Prozent. Und dann war es ein großer Vorteil, wenn man eigenes Kapital angespart hatte. Das war überhaupt oft so: Das, was zu investieren war, konnte ich zum Großteil durch mich selbst oder in sehr absehbarer Zeit mit einem Kredit gegenfinanzieren – und dadurch vor allem auch meinen Sohn als Nachfolger vor Schulden schützen. Ich war immer darauf bedacht, lieber kleine Schritte zu machen, die man selbst bewältigen kann.

Altenteiler Helmut

Wir haben einen Kredit aufgenommen für Sanierungsarbeiten von rund 150.000 Euro, weil unser Güllepott 40 Jahre alt ist, bereits bemängelt wurde und erneuert werden muss. Aber das ist nur ein Teil der Sanierung. Denn der alte Güllepott wurde damals neben die Siloplatte gebaut, und die ist genauso alt und wurde ebenso bemängelt. Das Problem ist also: Ich bezeichne mich als Landwirt, der nachhaltig arbeitet, aber am Ende habe ich doch keine Möglichkeit, eine ordentliche Siloplatte hinzustellen. Ich stehe jetzt also vor einer großen Herausforderung, denn ich glaube nicht, dass wir in den nächsten fünf Jahren eine neue Siloplatte gießen. Eigentlich habe ich den Plan, eine Heutrocknung zu bauen, um gar kein Silo mehr machen zu müssen!

Biobauer Felix

Vor einiger Zeit mussten wir um die Biogasanlage herum eine Umwallung bauen, damit eventuell ausgetretene Gülle- oder Gärreste nicht ins Erdreich gelangen können. Da rechnet man aus, wie teuer das Ganze kommt – und dann schluckt man erst mal! Denn das sind Sachen, die gar nicht geplant waren, aber plötzlich vom Gesetzgeber vorgegeben werden. Und später kommt dann noch eine Kontrolle, und die darf man auch noch selbst bezahlen. Wenn man Pech hat, sind das auch noch mal eben 1.000 Euro! Aber noch wichtiger ist dabei: Es betrifft das Eigentum. Dritte ent-

Siloplatten sind Pflicht – und extrem teuer in der Anschaffung. Sie schützen das Grundwasser, einen weiteren Mehrwert haben sie aber nicht.

Foto: © Fübbeker / Landwirtschaftskammer Niedersachsen

scheiden da quasi über Dein Eigentum und wie Du es zu behandeln hast. Tatsächlich finde ich es schwierig, dass man Investitionen tätigen muss, um überhaupt arbeiten zu dürfen. Der größte Teil unserer Investitionen sind im Grunde rechtliche Vorgaben, die wir erfüllen müssen. Man hofft, dass man alles schafft, aber es darf einem auch nichts passieren. Dieses Risiko begleitet uns tagtäglich. Landwirte, die das finanziell nicht stemmen können, die geben auf – und es werden immer mehr, die aufgeben. Sie können einfach nicht mehr.

Ackerbäuerin Christa-Maria

2022 haben wir einen Schweinestall außerhalb der Ortschaft gebaut. Zum einen deshalb, weil wir auf unserer Hofstelle, die mitten im Ort liegt, auch die Gastwirtschaft mit Biergarten haben – und bei ungünstigen Windverhältnissen hat es dort einfach zu sehr nach Schweinestall gerochen. Einige Gäste sind schon nicht mehr gekommen. Zum anderen will unser Sohn später in die Landwirtschaft einsteigen und den Hof übernehmen, insofern soll der Betrieb natürlich zukunftsfähig sein. Der Stall hat jedenfalls rund 1,2 Millionen Euro gekostet. Wir haben auch eine Fotovoltaikanlage gebaut, damit wir eigenen Strom haben und nur bei ganz schlechtem Wetter welchen dazukaufen müssen. Und mit dem Wasser sind wir jetzt auch unabhängig, weil wir einen eigenen Brunnen gebohrt haben. Tatsächlich weiß ich aber nicht, ob das Ganze eigentlich richtig war. Wir haben hohe Schulden aufgenommen, die wir quasi weitergeben an die nächste Generation – also ich kann den neuen Stall nicht mehr selbst abzahlen. Und es könnte sein, dass unsere Kinder später einmal sagen: „Wie blöd waren unsere Alten, dass sie noch mal Schulden gemacht haben – und jetzt stehen wir damit da!"

Strohschweinhalter Rainer

Ich bin immer ganz baff, wenn ich meine Kollegen sehe, die Millionen in Ställe, Biogasanlagen und Maschinen investieren. Bei denen greifen ganz andere Verordnungen, man hat dann unendlich viele Investitionen und hängt im Würgegriff der Kreditinstitute. Da sind wir noch nie drin gewesen. Das ist auch gar nicht mein Ding. Mehr als 50.000 Euro möchte ich pro Jahr nicht investieren. Dann bin ich wenigstens sicher, dass ich das auch nach einem Jahr abbezahlt habe.

Biobauer Armin

Wir haben eine Halle als Getreidelager und Mehrzweckhalle gebaut. Wir haben sie in dem Ausmaß aber nur bauen können, weil wir die erneuerbare Energie im Rücken hatten, sonst wäre sie nicht so groß geworden. Denn durch unsere landwirtschaftlichen Erzeugnisse allein hätten wir sie in der Größe niemals finanzieren können. Überhaupt war das eine schwere Entscheidung, denn wir mussten uns fragen: Was passiert mit der Halle, falls wir in zehn oder 15 Jahren keine Landwirtschaft mehr machen? Wir haben uns lange mit der Entscheidung gequält, aber ich will auch etwas bewegen!

Kohlbauer und Weidetierhalter Peter

Wir hantieren jedenfalls schon mit ganz anderen Zahlen als viele unserer Mitmenschen. Die meisten Leute, die hören, was so ein Trecker oder ein Stallbau kostet, die fallen hintenüber! Sie sehen nur den Bauernhof mit den Kühen und den süßen Kälbchen, aber es ist ihnen überhaupt nicht bewusst, wie viel Geld das alles kostet. Ich bin damit aufgewachsen, mir machen hohe Summen nicht so viel Angst, weil ich es gar nicht anders kenne. Aber wichtig ist mir, dass alles stimmt – und vorne sozusagen ein Plus steht. Der Betrieb macht ja einen Gewinn, den wir dann wieder reinvestieren. Unser Ziel ist nicht, Privatvermögen aufzubauen, sondern einen schönen, modernen Betrieb zu erhalten. Niemand wird schließlich Landwirt, weil ihn das reich macht.

Milchbäuerin Katharina

Ein Trecker gehört zur Grundausstattung auf dem Bauernhof. Ein neuer leistungsstarker Schlepper, der allen modernen Anforderungen entspricht, ist nicht unter 100.000 Euro zu bekommen.

Bei dem Maschinenpark draußen auf dem Acker sind wir mit unserer Betriebsgröße bei etwa 700.000 Euro, das haben wir soweit alles aufgebaut. Jetzt sind pro Jahr etwa 100.000 Euro Ersatzinvestitionen für den Maschinenpark dran; jede Maschine wird etwa alle zehn Jahre ausgetauscht. Der Vorteil dabei ist, dass ich für die gebrauchte Maschine einen halbwegs hohen Wert habe, den ich in Zahlung gebe. Ich tausche die Fahrzeuge und muss nur eine bestimmte Summe dazu bezahlen. Man könnte auch sagen: Der erste Trecker ist der teuerste, der zweite kostet dann schon nicht mehr ganz so viel, weil man eben bereits einen Gegenwert hat.

Kartoffelbauer Jürgen

Bei uns ist das ganze Kapital über eine lange Zeit in die Direktvermarktung geflossen, die auf dem Hof etabliert wurde. Das bedeutet, dass ich jetzt ungefähr 15 Jahre Investitionsstau im landwirtschaftlichen Betrieb habe. Wir haben kaum noch funktionierende Maschinen.

Biobauer Felix

Manchmal habe ich schlechte Nächte, wenn ich an die Zukunft denke. Gerade wenn man eine Kontrolle hatte mit neuen Vorgaben, da frage ich mich: Warum tust Du Dir das an? Manchmal bekommt man auch mal eben eine Dieselrechnung über 40.000 Euro. Und dann hat man vielleicht noch zehn weitere Rechnungen, sodass man auf eine Gesamtsumme von 100.000 Euro kommt, die eigentlich am Monatsende bezahlt werden müsste, aber das Konto ist leer. Diese nervliche Belastung schafft nicht jeder, da braucht man schon ein dickes Fell. Aber manchmal wird man doch emotional. Gerade wenn man abends zur Ruhe kommt, da kommt vieles hoch – und dann hat man die schlaflosen Nächte.

Ackerbäuerin Christa-Maria

Das Problem ist ja, wenn man erst einmal in so einem Hamsterrad ist und am Ball bleiben will, muss man kontinuierlich größer werden. Aber die Anforderungen sind mittlerweile so enorm hoch, das ist heftig! Und was ist denn, wenn man heute einen Stall baut. Eine Million ist mittlerweile nichts mehr, das ist Wahnsinn!

Kohlbauer und Weidetierhalter Peter

Worpsweder Perle

Kartoffeln und Zwiebeln bestimmen seinen Tagesablauf. Die Kühe hat Jürgen schon lange abgeschafft.

Foto: © Privatfoto Jürgen

Statt mit Kühen weiterzumachen, haben wir uns ganz und gar in die Kartoffeln gestürzt!

Jürgen (*1988) aus Niedersachsen
Kartoffelbauer und Direktvermarkter

Wir bewirtschaften zurzeit rund 50 Hektar Kartoffeln, fünf Hektar Zwiebeln und auf einer kleineren Fläche versuchsweise Möhren. Auf dem Hof arbeiten noch meine Eltern mit. Außerdem haben wir bis zu zehn Mitarbeiter, vorwiegend als Erntehelfer. Ich selbst bin 2012 mit 24 Jahren als Landwirtschaftsmeister in den elterlichen Hof eingestiegen und durfte gleich Verantwortung übernehmen: Ich habe auf dem Betrieb die Kühe gemanagt, während mein Vater sich um die Kartoffeln gekümmert hat. Zur damaligen Zeit hatten wir noch rund 50 Milchkühe und etwa acht Hektar Kartoffeln – so haben wir eine Zeit lang gewirtschaftet.

Direktvertrieb gab es bei uns quasi schon immer: Mein Opa hat auf etwa 2.500 Quadratmeter Kartoffeln und im Garten Gemüse angebaut. Dann ist er mit seinem Pkw zum Hökern nach Bremen gefahren. Dort hatte er seine Stammkunden, denen er in erster Linie seine Kartoffeln verkauft hat. Später hat meine Mutter wiederum Gemüse auf dem Wochenmarkt verkauft. Insofern liegt die Direktvermarktung bei uns im Blut, kann man so sagen. Außerdem gab es zur Zeit meines Opas zwei, drei Kühe auf dem Hof; mein Vater hatte die Milchwirtschaft dann ausgebaut, bis wir 50 Milchkühe hatten.

Als ich 2015 geheiratet habe, mussten wir eine folgenreiche Entscheidung treffen: Kühe oder Kartoffeln? Uns war klar, es kann nur eines von beiden funktionieren – in den Jahren, wo beides nebeneinander gelaufen ist, konnten wir keinem von beiden gerecht werden. Die ganze Familie hat also zusammengesessen und hin- und herüberlegt. Meine Frau und ich wollten die Kühe gern behalten, tatsächlich aber sprachen viele Gründe dagegen: Zum einen hätten wir in einen großen modernen Kuhstall investieren müssen. Doch wenn wir 200 Kühe angeschafft und einen neuen Stall gebaut hätten, wären wir bei etwa zwei Millionen Euro Investition gewesen, das hat uns alle ganz

schön abgeschreckt! Zum anderen waren wir doch sehr skeptisch, wie sich die Milchwirtschaft weiterentwickeln würde. Das lag auch an den vorhergehenden Milchkrisen, wo ein Liter Milch nur noch 20 Cent brachte. Das war ein einschneidendes Erlebnis für mich – ich habe damals ausgerechnet, dass wir teilweise für unter fünf Euro Verdienst morgens im Melkstand gestanden haben. Das habe ich meinem Vater auch vorgerechnet – und ihm gesagt, da könnten wir beide besser beim Friseur für 10 Euro Mindestlohn Haare schneiden, als zu melken! Das fand er gar nicht so gut, aber es war die Wahrheit. Und außerdem kam hinzu, dass wir hier in der Region schon viele, auch große Milchbauern haben. Der Konkurrenzkampf um die Flächen war also schon gegeben – und wir hätten uns in einen überfüllten Markt hineingestürzt. Alles in allem war uns das dann doch ein zu großes Risiko. So haben wir mit den Kühen komplett aufgehört und uns ganz und gar in die Kartoffeln gestürzt!

Mittlerweile werden unsere Kartoffeln in etwa 20 Läden einer Supermarktkette in der Bremer Region verkauft, wobei wir die Geschäfte selbst beliefern. Außerdem kann man auch bei uns auf dem Hof über einen Automaten kaufen. Pro Jahr sind das rund 2.000 Tonnen Kartoffeln, wobei wir das ganze Jahr über verkaufen. Mit den Zwiebeln ist es schwieriger, das hatte ich mir viel einfacher vorgestellt: Vom Anbau her sind sie sehr viel anspruchsvoller. Außerdem hat man gegenüber den Kartoffeln den Nachteil, dass sie schlecht über den Geschmack verkauft werden können. Mit den Möhren haben wir zusätzlich angefangen, weil unsere Maschinen sich auch dafür eignen. Insofern hatten wir nur einen geringen Investitionsbedarf, um mit einer neuen Kultur zu starten.

Foto: © Matthiesen&Wilk

Aus einem klassischen Bauernhof mit Tierhaltung hat Jürgen inzwischen einen modernen Betrieb gemacht.

„Vier oder sogar sechs Wochen wegzufahren – das wäre ein Traum!“

Ich bin mit meinem Leben völlig zufrieden und davon erfüllt. Ich gestalte mein Leben, nehme mir auch immer mal wieder meine Auszeit, gehe dann zum Friseur oder lasse mir die Nägel machen. Oder ich treffe meine Freunde, gehe mit ihnen essen und wir tauschen uns aus – das ist dann ein Ausgleich, den ich brauche. Überhaupt habe ich nicht das Gefühl, zu wenig Freizeit zu haben. Ich kann mir meinen Tag ja einteilen. Man muss eben in Kauf nehmen, dass man weniger geschlafen hat, wenn man abends weggeht, aber das ist in jedem Job so. Es gibt zwar Tage, da kommt die Freizeit zu kurz, wie beispielsweise während der Ernte, aber dafür gibt es andere Phasen mit mehr freier Zeit. Und was den Urlaub betrifft, da setzen wir uns mit den Mitarbeitern zusammen und besprechen, wer wann weg ist. Ich kann auch mit meinem Mann zusammen Urlaub machen, aber mein Handy schalte ich natürlich nie aus und bin rund um die Uhr erreichbar.

Ackerbäuerin Christa-Maria

Es dreht sich mehr oder weniger alles um den Betrieb. Dem muss man sich schon unterordnen. Was wohl schwierig ist, sind längere spontane Ausflüge, z.B. mal eben das Wochenende fortfahren. Denn als tierhaltender Betrieb benötige ich immer eine Vertretung, die sicherstellt, dass die Tiere ordnungsgemäß versorgt sind. Auch für den Urlaub braucht man eine gute Planung. Ich kann nicht sagen, das Wetter ist so schön, wir fahren jetzt einfach mal weg. Das geht nicht.

Geflügelbauer Sven

Die private Zeit ist natürlich knapp, aber mal essen oder ins Kino zu gehen, das klappt schon – vielleicht nur nicht in der Häufigkeit, wie es andere tun. Sagen wir mal so: Wenn ich in die Molkerei gehen will, um nach der Produktion zu sehen, dann trinke ich mit meiner Frau mal eben schnell einen Kaffee zusammen. Das ist dann schon Luxus und unendlich viel wert; ebenso, dass wir jede Mahlzeit gemeinsam einnehmen können! Arbeit und Freizeit gehen bei uns sowieso nahtlos ineinander über, und dann nimmt man sich eben die kleinen Auszeiten zwischendurch.

Milchbauer Michael

Meine Frau und ich können schlecht miteinander wegfahren; ein gemeinsamer Urlaub ist gar nicht möglich. Zum einen wegen des Betriebes, zum anderen wegen meiner alten Mutter, die hier mit uns lebt und Hilfe braucht. Außerdem arbeiten wir auch das ganze Wochenende in unserer Gastwirtschaft,

Foto: © DBV

In keiner anderen Branche wird so viel geackert wie in der Landwirtschaft. Für das Privatleben bleibt entsprechend wenig Zeit und Energie.

vor allem der Sonntag ist unser Haupteinnahmetag. Dafür gehen wir aber als gesamte Familie einmal in der Woche schwimmen. Das ist uns sehr wichtig, da haben wir dann füreinander Zeit und können miteinander reden. Das ist wunderschön!

Strohschweinhalter Rainer

Als unsere Kinder noch klein waren, haben wir jedes Jahr eine Woche gemeinsamen Urlaub gemacht. Außerdem sind die Kinder mit den Großeltern in den Sommerferien weggefahren. Davon erzählen sie auch heute noch tolle Geschichten und dann denke ich mir häufiger: „Da wärst Du auch gern dabei gewesen!" Dann habe ich manchmal auch den Wunsch, mit meiner Frau vier oder sogar sechs Wochen wegzufahren – das gab es noch nie, das wäre ein Traum!

Biobauer Armin

Wir sind nie in den Urlaub gefahren, wir haben das aber auch nie vermisst. Urlaub war für uns ein Fremdwort. Bis mein Sohn in den Betrieb eingestiegen ist, konnten wir nie zusammen in den Urlaub fahren. Und jetzt, wo wir fortfahren könnten, wollen wir das nicht mehr. Wir machen zwar ab und zu einwöchige Fahrten mit, aber meine Frau sagt immer, zu Hause ist es doch am schönsten. Wir haben einfach kein Verlangen danach und sind auch ohne Urlaub zufrieden – nicht so wie andere, die ständig auf Reisen sein müssen.

Altenteiler Helmut

Mal spontan für ein paar Tage raus und ein bisschen Urlaubsluft schnuppern – davon können viele Landwirtinnen und Landwirte nur träumen.

Foto: © Matthiesen&Wilk

Meine Frau und ich haben uns bewusst für dieses Leben als Landwirte entschieden. Und wir finden es schön, wenn wir am Tag alle drei Mahlzeiten gemeinsam mit unseren Kindern einnehmen können. Das können viele andere Familien nicht, und das ist so unser Luxus, unser Urlaub! Andere fliegen mal für drei Wochen nach Griechenland oder sonst wohin. Das machen wir nicht, können und wollen wir nicht. Wir freuen uns stattdessen tatsächlich darüber, dass wir die Zeit am Tag gut miteinander verbringen können – und manchmal gibt es auch ein freies Wochenende nur für die Familie.

Kartoffelbauer Jürgen

Ich habe schon Freizeit, nur habe ich sie etwas anders als andere. Ich kann es mir sehr gut einrichten, wenn ich zum Beispiel am Freitagvormittag zu einer Hochzeit eingeladen bin. Andere müssen sich dafür extra Urlaub nehmen. Da habe ich eine gewisse Flexibilität, aber natürlich auch nur ein begrenztes Kontingent an Freizeit. Dafür kann ich mir diese Zeit bewusster nehmen – insofern kann ich meine freie Zeit auch besser genießen. Bei vielen Freunden, die ihren normalen Job haben, bekomme ich das Gefühl, dass sie nur noch von einem Urlaub zum nächsten hetzen. Das finde ich schade. Für mich ist jede freie Minute, die ich ohne schlechtes Gewissen vom Hof weg bin, Gold wert. Die genieße ich ganz anders. Also, das Verhältnis zwischen Arbeit und freier Zeit finde ich schon in Ordnung für mich. Dafür bekomme ich einen ganzen Hof, habe ein Haus, in dem ich leben kann, habe eine Altersabsicherung. Andere müssen dafür auch sehr lange arbeiten.

Milchbäuerin Katharina

„Es geht mir auch darum, im Dorf Flagge zu zeigen."

Als ich noch Landwirt im Nebenerwerb war, da war ich sehr sportlich. Ich habe Fußball und Eishockey gespielt. Wenn ich jetzt mehr Freizeit hätte, dann würde ich wieder Fußball spielen. Manchmal bedauere ich, dass das momentan nicht geht. Dafür nehme ich mir aber eben andere Auszeiten, gehe abends zum Beispiel mal auf die Jagd. Außerdem bin ich in der Feuerwehr aktiv. Schließlich sind wir nur ein kleines Dorf, da zählt also jeder Einzelne und es ist mir auch wichtig, dabei zu sein. Wir kümmern uns auch um die Pflege der Spiel- und Sportplätze, bei der ich dann auch meine Maschinen einsetze. Dazu sind Landwirte ja auch da.

Strohschweinhalter Rainer

Ich hatte in meinem Leben keine Zeit für Hobbys oder Freizeitaktivitäten. Es war ja auch schwer, wenn beide – Frau und Mann – aktiv sein wollten: Einer musste immer zu Hause bleiben und parat stehen, falls mal etwas passieren sollte. So haben wir uns halt abgewechselt in unseren Aktivitäten, je nachdem wer Zeit hatte. Mein einziges Hobby war mein Nebenberuf als Fleischbeschauer, da habe ich auch ehrenamtlich im Verband auf Landes- und Bundesebene gearbeitet und viel Zeit investiert. Früher habe ich noch etwas Fußball gespielt, aber das mache ich jetzt nicht mehr. Dafür bin ich bei den Landsenioren im Vorstand und versuche, mich dort einzubringen – und meine Frau hat schon seit Langem einen Bäuerinnen-Stammtisch.

Altenteiler Helmut

Fast alle Landwirtinnen und Landwirte sind ehrenamtlich aktiv. Das ergab eine Umfrage von agri EXPERTS. Besonders engagieren sie sich bei der Nachbarschaftshilfe, im Dorf und in Vereinen.

Foto: © Kreisbrandinspektion Coburg /A. Steinert

Der Aufkleber „Löschende Landwirte" gehört zu einer Aktion des Landkreises Coburg. Denn ohne Grubber, Schlepper und Güllefässer kann die Feuerwehr bei Wald- und Flächenbränden wenig ausrichten.

Früher war ich in der Feuerwehr, meine Frau im Gemeinderat, aber das schaffen wir mit der Molkerei nicht mehr. Wir haben einfach keine Zeit mehr dafür. Ich habe auch aufgehört, als Musiker in der Band zu spielen. Wir hatten in zehn Jahren mehr als 600 Auftritte. Doch irgendwann gibt es keine Steigerung mehr. Aber wer weiß, was die Zukunft so bringt.

Milchbauer Michael

Im Dorf bin ich in allen Vereinen Mitglied: Schützenverein, Feuerwehr, Sportverein. Ich bin da gut vernetzt und möchte darauf auch nicht verzichten, um den Anschluss an das Dorf nicht zu verlieren und auch das Miteinander aufrechtzuerhalten. Es geht mir aber genauso darum, das Image des Landwirts zu vertreten – dass wir nicht nur arbeiten, sondern auch im Dorf Flagge zeigen. Denn ich habe das Gefühl, dass überall dort, wo wir nicht mehr dabei sind, über uns gelästert, geschimpft und hergezogen wird. Und wenn jemand etwas zu sagen hat, dann kann er mir das auch direkt sagen, wenn ich mit dabei bin.

Kartoffelbauer Jürgen

Ich habe das Vergnügen, sowohl als Vorsitzender im Schützenverein als auch im Boßelverein aktiv zu sein. Das Vereinsleben bedeutet mir sehr viel. Es ermöglicht mir, aus meiner gewohnten Umgebung auszubrechen und mich in einer anderen Atmosphäre zu bewegen. Obwohl die Landwirtschaft mein Hauptberuf ist, finde ich es unglaublich bereichernd, mich auch für andere Interessen und Aktivitäten zu engagieren. Es ist faszinierend zu sehen, was Gleichaltrige in meiner Umgebung so unternehmen. Mein Leben besteht eben nicht nur aus der Arbeit auf dem Feld. Darüber hinaus engagiere ich mich aktiv in der Kreislandjugend und im Bauernverband. Diese zusätzlichen Verpflichtungen liegen mir am Herzen, und derzeit bin ich glücklich und zufrieden mit dieser Vielfalt in meinem Leben.

Kohlbauer und Weidetierhalter Peter

Manchmal gönne ich es mir, als Richterin bei Berufswettbewerben zu agieren. Dafür nehme ich mir einen freien Tag und da kann ich auch meinen Horizont erweitern. Oder ich nehme an politischen oder verbandsbezogenen Veranstaltungen teil. Das ist dann so meine Freizeit.

Milchbäuerin Katharina

Bei uns im Dorf engagiere ich mich im Feuerwehrverein. Das hat nichts mit der Feuerwehr zu tun, sondern ist eher so eine Art Dorfverein. Da war ich die letzten Jahre auch im Vorstand. Sich im Verein zu engagieren, ist für mich wichtig, um soziales Engagement zu zeigen. Wir haben ein Dorfgemeinschaftshaus, das in Schuss gehalten werden muss. Außerdem machen wir da jedes Jahr Feste und da muss sich jemand engagieren, damit das Dorf lebendig bleibt. Mein Einsatz hängt nicht zwingend mit meinem Beruf zusammen. Da sehe ich mich eher als Privatperson – aber natürlich ist es schon von Vorteil, wenn man als Landwirt zeitlich etwas freier ist als die anderen.

Geflügelbauer Sven

Alles Leben im Dorf basiert ja auf dem Landwirtschaftlichen, beispielsweise bei der Feuerwehr, in der vor allem landwirtschaftliche Akteure aktiv sind. Und auch sonst gibt es immer wieder Anlässe, bei denen man eben auch die Bauern mit ihren Treckern braucht.

Milchbauer Michael

Ich mache relativ viel. Ich bin hier im Bauernverband aktiv, wurde auf Kreisebene in den Vorstand gewählt und außerdem bin ich ehrenamtlich als Landesvorsitzende der Jagdgenossenschaft engagiert. Vor einigen Jahren habe ich außerdem auf Anfrage des Bauernverbandes die Organisation in unserem Bundesland für die bundesweiten Demonstrationen von „Land schafft Verbindung" übernommen. Da bin ich dann tiefer hineingerutscht und habe viele tolle Leute aus der ganzen Bundesrepublik kennengelernt. Mich hat ziemlich fasziniert, was man da bewegen kann! Im Dorf selbst bin ich dagegen nicht aktiv, da ich keine Zeit mehr habe. Jedoch unterstütze ich vieles finanziell und materiell.

Ackerbäuerin Christa-Maria

„Es macht einen großen Unterschied, ob man arbeitet oder bezahlte Selbstverwirklichung betreibt.“

Der große Unterschied zum typischen Nine-to-five-Job besteht darin, dass der Kopf eigentlich immer arbeitet – sei es beim Thema Tiere, dem Ackerbau oder der Vermarktung. Der Kopf ist permanent auf Arbeitsmodus eingestellt. Als Angestellter kann ich nach Feierabend Verantwortung abgeben. Ich jedoch habe sie auch nachts um drei oder morgens um sechs. Ich lebe in und mit dieser Verantwortung. Trotzdem versuchen wir, den Sonntag etwas anders zu gestalten: Wenn nicht gerade Ernte ist, stehen wir später auf, machen ein großes Frühstück, danach eine Radtour oder einen Ausflug. Der Sonntag ist schon zur Erholung da. Außerdem gehe ich einmal in der Woche zum Theaterspielen. Und dann hat man auch ein paar Ehrenämter wie Feuerwehr, Jagdgenossenschaft und Ortschaftsrat.

Biobauer Armin

Ich empfinde meinen Beruf nicht als Stressfaktor, da ich unheimlich viel Spaß an dem habe, was ich tue – auch wenn es viel Arbeit bedeutet. Natürlich gibt es auch mal Tage, an denen nicht alles glatt läuft, wie zum Beispiel während der Kohlernte, wenn es stundenlang regnet und wir dennoch auf dem Acker arbeiten müssen. Aber trotz solcher Herausforderungen komme ich gut damit zurecht. In meiner Freizeit suche ich mir gerne einen Ausgleich, sei es durch Fußballspielen, Inlinerfahren oder einfach nur durch das Abschalten und Entspannen. Zudem finde ich Unterstützung in Gesprächen mit meinen Eltern, mit denen ich über alles reden kann und die mir manchmal sogar meine Sorgen nehmen.

Kohlbauer und Weidetierhalter Peter

Ich gehe gern raus, bin in der Natur bei den Tieren. Da kommt man eigentlich schön runter. Die Tiere sind ein Entspannungsmoment, wenn sie nicht gerade irgendwelchen Blödsinn machen! Wir haben außerdem noch einen Hund, mit dem ich spazieren gehe – über die Felder oder durch den Wald. Da kann man sich schon akklimatisieren.

Geflügelbauer Sven

Ich habe ein gut ausgeglichenes Leben. Zum einen brauche ich nicht so viel Freizeit, weil ich das, was ich mache, liebe und aus Überzeugung tue. Ich kann auch bei der einen oder anderen Arbeit Kraft regenerieren, anstatt sie aufzuwenden. Zum anderen bin ich in der Gemeinde in der Freiwilligen Feuerwehr und im Festausschuss aktiv. Überhaupt habe ich hier im Dorf eine gute Anbindung an einen sehr schönen Kreis von Menschen, die ich sehr lieb gewonnen habe, mit denen ich gut Zeit verbringen kann und die mein Leben bereichern. Ich habe fast jeden Abend die Möglichkeit, für ein, zwei Stunden Menschen zu sehen, mit denen ich gern zusammen bin. Dieser soziale Ausgleich hilft auch gegen eventuellen Stress. Außerdem bin ich gern in meinen Agroforst-Systemen unterwegs, was also brauche ich da Fußball? Es macht eben einen ganz großen Unterschied, ob man arbeitet oder quasi bezahlte Selbstverwirklichung betreibt.

Biobauer Felix

Foto: © Dorothee Warder

Begehrt: der Expertenblick der Landwirtinnen und Landwirte bei den Leistungsprüfungen und ländlichen Wettbewerben.

Ich hatte schon immer Interesse daran, etwas mit Landwirtschaft zu machen.

Sven (*1975) aus Sachsen
Geflügelbauer und Direktvermarkter

Foto: © Privatfoto Sven

Schon als Kind hatte Sven ein Faible für Geflügel. Als Quereinsteiger wurde er 2015 dann tatsächlich Bauer.

Ackerflächen haben wir nicht, wir sind ein reiner Grünlandbetrieb mit insgesamt knapp sechs Hektar Fläche. Angefangen haben wir mit 50 Legehennen und 50 Gänsen. Mittlerweile haben wir 340 Zweinutzungshühner, 350 Gänse, etwa 300 Enten sowie 50 bis 100 Wachteln. Enten, Gänse und Hähne schlachten wir selbst. Wir betreiben einen Hofladen. Neben meiner Frau und mir sind auf dem Hof zusätzlich ein Mitarbeiter in Vollzeit sowie zwei Mitarbeiter im Minijob tätig.

Meine Kindheit und Jugend habe ich größtenteils auf dem Bauernhof meiner Großeltern verbracht. Zu DDR-Zeiten hatten sie einen kleinen Hof mit ein paar Schafen und Hühnern. Daher hatte ich schon immer Interesse daran, etwas mit Landwirtschaft zu machen. Doch gerade, als ich mich beruflich orientieren wollte, kam die Wende – und alle rieten mir davon ab, in die Landwirtschaft zu gehen. Und da ich mich für Modellbau und Elektronik interessierte, habe ich erst mal den Beruf des Radio- und Fernsehtechnikers erlernt, anschließend eine Zeit lang in diesem Beruf gearbeitet und später studiert. Danach habe ich viele Jahre freiberuflich als Elektroingenieur gearbeitet.

Als wir eine eigene feste Bleibe suchten, wurde schnell klar: Es wird auf jeden Fall ein Bauernhof, den wir kaufen wollen. Wir haben auch etwas Passendes gefunden. Irgendwann entwickelte sich dann wieder der Gedanke an die Landwirtschaft, und nach einigen Jahren – das war 2015 – begann ich tatsächlich, selbst als Landwirt zu arbeiten. Das war natürlich ein Sprung ins kalte Wasser; das war ja ein völlig anderes Thema – zumal weder meine Frau noch ich eine landwirtschaftliche Ausbildung hatten. Später habe ich dann aber eine Weiterbildung für Quereinsteiger zum „ökologischen Landwirt“ gemacht, ansonsten bilde ich mich auch autodidaktisch weiter. Ökologische Landwirtschaft interessiert mich sehr, denn darin sehe ich eine große Zukunft für zumindest kleine und mittlere Betriebe!

Anfangs hatten wir jedenfalls auch nur ein paar Hühner und Gänse, um zu probieren, ob das überhaupt so geht. Aufgrund der Hofgröße war klar, dass das Ganze nur Sinn macht, wenn wir Geflügel halten und Direktvermarktung betreiben. Das war von vornherein unser Ziel, und dem sind wir bis heute treu geblieben. Denn zum einen bestimmt die Fläche, wie viele Tiere ich überhaupt halten kann. Zum anderen geht es um die eigene Vermarktung: Wild beispielsweise kann ich nicht selbst schlachten, da brauche ich eine EU-Zulassung fürs Schlachthaus. So aber habe ich als Geflügelbauer die Möglichkeit, bis zu 10.000 Tiere im Jahr ohne diese Zulassung zu schlachten. Wir haben übrigens Zweinutzungshühner, brüten hier selbst und ziehen die Küken beiderlei Geschlechts gemeinsam auf, bis man Hähne und Hennen trennen kann. Die Hennen gehen dann in den Legehennenstall und die Hähne werden in kleinen Ställen auf der Weide gehalten, bis sie mit etwa 20 Wochen geschlachtet werden. Wir versuchen jedenfalls, alle Tiere so naturnah wie möglich zu halten. Die Wachteln haben Außenvolieren und die Legehennen sind im Mobilstall, der regelmäßig auf der Weide versetzt wird. Die Entenküken, die dann auch auf dem Grünland sind, kaufen wir aus einer Brüterei. Es gibt also täglich Weidegang, auch für die Gänse.

Nicht nur unser Hof als solcher, auch der Direktverkauf über unseren Hofladen hat sich stetig weiterentwickelt. Unser Kundenkreis ist immer größer geworden und umfasst viele Stammkunden. Es gibt in unserer Region auch kaum vergleichbare Höfe. Wir sind zwar nicht konkurrenzlos, aber ein kleiner Exot in der Umgebung. Diesen Schritt zu gehen, würde ich jedenfalls immer wieder tun; ich habe ihn nie bereut. Kollegen haben Probleme mit Zwischenhändlern und Schlachtbetrieben, aber bei uns bleibt die komplette Wertschöpfungskette auf dem Hof.

Svens Gänse und Hühner sind fast das ganze Jahr über auf der Wiese – mittlerweile ein seltener Anblick.

Foto: © Privatfoto Sven

„Im eigenen Dorf ist das schon sehr zweischneidig."

In der Ortschaft ist es so: Wir sind nur noch 50 Leute. Früher gab es hier einige Höfe, kleine und große, und jeder hatte seinen eigenen Misthaufen. Da hat es hier und da mal gestunken. Aber jetzt sind wir der einzige Hof im Dorf, und das ist nicht einfach! Wo Landwirtschaft ist, da stinkt es eben mal, aber die Einsicht in der Bevölkerung wird immer weniger, egal ob es um Alteingesessene geht oder um Neubewohner. Die Leute mokieren sich über uns, wir wurden auch schon angezeigt. Eigentlich haben wir nur Schwierigkeiten. Es ist sogar so, dass ich den alten Schweinestall mit den Babyferkeln auf der Hofstelle jeden Tag ausmiste. Den Mist fahre ich jeden Tag zum neuen Schweinestall außerhalb des Dorfes, sodass ich zu Hause keinen Misthaufen mehr habe und dass es keine Fliegen und keine Geruchsbelästigung mehr gibt. Auch wenn ich im Frühling Gülle ausbringe, dann fahre ich keine Gülle mehr auf die Wiesen in Ortsnähe, weil Gülle stinkt. Früher war das normal, heutzutage musst Du Dich rechtfertigen.

Strohschweinhalter Rainer

Foto: © DBV

Vielen Menschen ist durchaus bewusst, dass Landwirtinnen und Landwirte enorm zu kämpfen haben. Trotzdem mangelt es oft an Verständnis, Respekt und Wertschätzung. Stattdessen hagelt es Kritik.

Jeder der alten Dorfbewohner hat mitbekommen, wie sich unser Betrieb entwickelt hat. Da gelten wir schon als tüchtige Leute. Wir sind bisher keiner Kritik, Anfeindungen oder Verleumdungen ausgesetzt gewesen. Nur einmal bin ich angezeigt worden, weil ich im Winter das Totholz unter dem Zaun abgebrannt hatte, aber das war eine Frau, die jeden anzeigt. Es hat mich jedenfalls beruhigt, dass es keiner aus der Nachbarschaft war.

Altenteiler Helmut

Im eigenen Dorf ist das schon sehr zweischneidig. Es gibt noch alteingesessene Leute, die früher auch Landwirtschaft betrieben haben, die sagen: „Es ist super, was ihr macht." Es gibt aber auch Leute, die es uns mehr oder weniger gar nicht gönnen – durchaus auch jemand in meiner Nachbarschaft, da gibt es seit Jahren Streitigkeiten. Es ist so wie in jedem Dorf. Den einen gefällt es, und den anderen eben nicht. Ob die neidisch sind, kann ich aber nicht sagen, das weiß ich nicht.

Geflügelbauer Sven

Innerhalb meines Dorfes habe ich sehr stark das Gefühl, als selbstständige Landwirtin wahrgenommen und wertgeschätzt zu werden. Häufig kommen sogar Menschen aus der Gemeinde mit landwirtschaftlichen Fragen zu mir. Die Kollegen aus dem Dorf sprechen mit mir genauso wie mit männlichen Kollegen. Also, den Landwirten ist es mittlerweile egal, ob Du Mann oder Frau bist. Die nehmen einen eben, wie man ist – Hauptsache, man macht gute Arbeit!

Milchbäuerin Katharina

In unserem Dorf herrscht eine harmonische Gemeinschaft, in der Nachbarn sich gegenseitig unterstützen. Auch wir sind immer bereit, unsere Hilfe anzubieten. Dieses Miteinander ermöglicht es uns, ohne Beschwerden auszukommen – auch während der Erntezeit, wenn die Straßen verschmutzt sind oder die Maschinen nachts arbeiten. Wir legen großen Wert auf ein harmonisches Zusammenleben hier im Ort. Insgesamt fühle ich mich in unserer Region jedenfalls respektiert und geschätzt.

Kohlbauer und Weidetierhalter Peter

„Wenn Fremde zu uns kommen, sind sie eigentlich immer überrascht.“

Mit Fremden läuft es sehr unterschiedlich. Viele sind sehr angetan, wenn sie hören, was ich beruflich mache. Andere geben sich eher verhalten und abwehrend. Und einige sind verblüfft und meinen, das hätten sie gar nicht erwartet. Darauf erwidere ich meist: „Was hast Du denn gedacht, soll ich jetzt mit Karohemd und Gummistiefeln hier herumlaufen?“ Also, da gibt es schon sehr unterschiedliche Begegnungen. Ich würde aber sagen, dass die Anzahl derjenigen, die interessiert und aufgeschlossen sind, immer größer wird. Das sehe ich als positive Entwicklung.

Kartoffelbauer Jürgen

Die Männer scheinen oft beeindruckt, wenn ich als Landwirtin mit einer großen Maschine vorbeifahre und mich mit dem Schlepper durch eine enge Lücke quäle. Man merkt dann schon, dass sie auf eine Frau leichter zukommen und interessiert sind; man kommt schneller ins Gespräch. Abwertende Blicke und Gesten habe ich im Straßenverkehr jedenfalls noch nicht erlebt. Eher werde ich neugierig beäugt, ob ich mit der Maschine auch gut umgehen kann.

Ackerbäuerin Christa-Maria

Wenn Fremde zu uns kommen, sind sie eigentlich immer überrascht und sagen meistens: „Es ist ja gar nicht so, wie es im Fernsehen gebracht wird mit der Landwirtschaft.“ Bei uns sind die Ställe offen. Die Leute können da durchgehen und kommen auch mit ihren Kindern, um sich die Kälbchen anzusehen und sich zu informieren. Es ist noch keiner da gewesen, der gesagt hat, das ist aber schlimm, wie die Tiere hier gehalten werden. Ganz im Gegenteil!

Altenteiler Helmut

Wenn Leute auf unseren Hof kommen – an einem guten Sonntag können das schnell mal zwischen 200 und 400 Besucher sein – und sie dann unsere Produkte loben und begeistert sind, dann macht das natürlich Spaß und tut gut!

Milchbauer Michael

Ich glaube, dass es einen Unterschied zwischen direktvermarktenden Biohöfen und konventionellen Betrieben gibt, was die Außenwirkung und den Kontakt mit anderen betrifft. Das ist auch das Schöne an der Direktvermarktung, dass man mit dem Endkunden in Kontakt kommt – als normaler Bauer hat man das selten. Ich bin regelrecht

Foto: © Matthiesen&Wilk

Auch die sogenannte Vermaisung ist immer wieder ein Thema. Meistens sind es Fremde, die die Landwirte kritisieren oder bedrängen.

verliebt in unsere Kunden: Ich finde es so toll, dass es Menschen gibt, denen klar ist, dass wir etwas Wichtiges produzieren. Das gibt uns selbst auch wieder etwas Positives zurück.

Biobauer Armin

Die Reaktionen von Gästen in unserem Wirtshaus sind sehr unterschiedlich. Die Leute wollen viel wissen über unseren Ackerbau oder die Schweinehaltung, und wir erklären, was wir tun und wie wir arbeiten. Da wird auch schon mal kräftig diskutiert, und die Diskussionen sind durchaus gut. Wir haben jedoch auch schon ganz andere Sachen erlebt. Unser Sohn wurde in der Schule beispielsweise so gegängelt und gemobbt wegen unserer Landwirtschaft, dass wir ihn zu guter Letzt aus der Schule genommen haben. Und so etwas tut weh! Das war jedenfalls ein ganz schwieriges Thema für uns. Wir haben mit allen Beteiligten immer wieder gesprochen, die Diskussionen liefen zwei Jahre lang – aber dann mussten wir aufhören und unser Sohn musste die Schule wechseln. Es ging einfach nicht mehr.

Strohschweinhalter Rainer

Also, in unserer eigenen Kinderzeit war das schlimmer. Wenn unsere Kinder erzählen, dass sie vom Bauernhof kommen, wird das heute eher so gesehen, dass es für sie cool ist. Dagegen wurden früher Kinder vom Bauernhof öfter gehänselt.

Milchbauer Michael

In der Schulzeit – ich war in meinem Jahrgang der Einzige vom Bauernhof – wurde ich sehr oft geärgert und gehänselt nach dem Motto „Du dummer Bauer!". Das war für mich tatsächlich die schlimmste Zeit. Insofern habe ich mich auch erst sehr spät dafür entschieden, Landwirt zu werden.

Kartoffelbauer Jürgen

Dass ich als Landwirt direkt angefeindet werde, das habe ich noch nicht bewusst erlebt. Eher sind die Menschen erstaunt, aber negative Reaktionen kenne ich eigentlich nicht. Auch meine Kinder haben deswegen keine Probleme in der Schule. Sie haben noch nie etwas über Mobbing gesagt, da gab es bisher keine Sorgen.

Geflügelbauer Sven

Bei Fremden, die mir begegnen, kommt es erst zum Erstaunen und dann zu klarer Zustimmung. Was ich immer ein bisschen schwierig finde, ist, dass Menschen mir einen Daumen hoch geben, wenn sie mich auf dem Trecker sehen. Manchmal finde ich, das ist eine ganz schön sexistische Herangehensweise – besonders von Fremden, die nicht aus der Landwirtschaft kommen, die nichts damit zu tun haben, dass auch Frauen in der Branche arbeiten.

Milchbäuerin Katharina

Bisher hatte ich keine negativen Erfahrungen mit Fremden, die erfahren haben, dass ich Landwirt bin. Natürlich kommt es gelegentlich zu Diskussionen, aber die verlaufen meist fachlich und respektvoll. Die Dynamik ändert sich jedoch in den sozialen Netzwerken. Dort erlebe ich manchmal respektlose Kommentare. Bleibe ich allerdings ruhig und stelle sachliche Fragen, erhalte ich oft keine Reaktion mehr.

Kohlbauer und Weidetierhalter Peter

Wenn ich als Landwirt unterwegs bin und mich auch als solcher zu erkennen gebe, nehme ich mit meinen Überlegungen zur nachhaltigen Landwirtschaft nie ein Blatt vor den Mund und stoße damit eigentlich auch immer auf Interesse, bekomme Aufmerksamkeit und erhalte Lob. Der eine oder andere geht dann vielleicht mal etwas skeptisch in die Unterhaltung rein, aber die meisten Menschen sind ganz Ohr. Also, ich habe noch nie Kritik mir oder uns gegenüber gehört, geschweige denn Anfeindungen wahrgenommen.

Biobauer Felix

Letztens meinte jemand hier aus dem Ort, seitdem wir gespritzt hätten, würde es so stark nach Chemie stinken, er könne gar nicht mehr im Haus lüften. Ich habe ihm dann gesagt: „Ich habe in der Spritze nur Bakterien und Schwefel drin – also reine Biomittel". Daraufhin war der Typ natürlich überrascht und meinte, dann könne er ja doch wieder seine Fenster öffnen.

Es ist eigentlich immer wieder das Gleiche: Es ist kein Wissen da, aber erst mal wird gemeckert und geschimpft! Wütend werde ich in solchen Situationen aber nur noch kurz. Ich muss einmal kurz schlucken – aber dann geht das ganz schnell in Humor über und ich muss nur noch lachen. Mittlerweile weiß ich einfach: Solche Reaktionen gehören dazu. Insofern sollte ein Landwirt auch über eine gewisse Schlagfertigkeit verfügen, sodass er auf solche Dinge schnell reagieren und gleichzeitig den Sachverhalt kurz und emotionslos erklären kann. Ansonsten lasse ich das gar nicht so an mich heran.

Kartoffelbauer Jürgen

Ich habe extrem lange Haare und lange, lackierte Nägel. Da fragen immer alle: „Wie geht das denn als Landwirtin?" Manche Männer witzeln da auch mal gern, dass ich demnächst wohl noch einen rosa Schlepper bekomme. Aber ich fühle mich damit eben wohl, weil ich mir sage, ich bin ja auch eine Frau. Für mich ist es immer eine Entspannung, wenn ich mir die Nägel und Haare machen lasse, das ist wie Wellness für mich. Und wenn ich beispielsweise beim Getreidehandel vom Trecker steige und einen Rock trage, weil ich vorher noch im Büro war, dann gibt es schon mal einen „Daumen hoch" – und jeder freut sich. Das ist mal ein anderes Bild.

Ackerbäuerin Christa-Maria

Foto: © Privatfoto Christa-Maria

Der Trecker gilt nach wie vor als das Symbol der Landwirtschaft. Einige Menschen haben Angst vor ihm, andere bewundern die Bäuerinnen und Bauern wegen ihrer besonderen Fahrkünste.

Was ich schlimm finde, ist diese klassische Frage, die ich immer wieder höre: „Schaffst Du das denn körperlich?" Da ist die klare Antwort natürlich „Ja!" Und eine andere schlimme Frage ist: „Dein Mann macht doch bestimmt auch mit im Betrieb, oder?" Meine Gegenfrage lautet dann: „Erwarten Sie denn von einem Maurer auch, dass seine Frau im Betrieb mit mauert?" Wenn wir mal ganz ehrlich sind, waren Frauen schon immer in der Landwirtschaft aktiv. Schon immer haben Frauen den Männern alles hinterhergetragen und alle versorgt. Selbst damals bei der Einführung des Treckers: Wer hat denn den Trecker gefahren, das war doch die Arbeitserleichterung für die Männer, damit sie nicht mehr mit der Hacke auf dem Feld arbeiten mussten. Den Trecker hat der Mann gefahren, der nicht die Kinder bekommen und den Haushalt geschmissen hat, aber die Schubkarre, die durfte die Frau schieben. Also, dieses damalige Bild finde ich sehr befremdlich – umso besser, dass wir mittlerweile aufhören mit diesen ganzen geschlechtsspezifischen Rollenzuweisungen. Wir müssen langsam dahin kommen, gute Arbeit zu honorieren – egal, wer mit welchem Geschlecht durchs Leben läuft.

Milchbäuerin Katharina

„Mit den Behörden ist das schon sehr unterschiedlich."

Was Behörden oder offizielle Stellen angeht: Die waren alle auf unserer Welle. Wir haben allen genau erklärt, wie wir was machen, und wir hatten keinerlei Schwierigkeiten.

Strohschweinhalter Rainer

Wenn ich mit Ämtern oder Berufskollegen kommuniziere, werden wir teilweise nicht als echte Landwirte gesehen, sondern eher so als Hobbybetrieb abgestempelt. Am Anfang hat mich so etwas auch immer sehr geärgert, das muss ich gestehen. Mittlerweile lächele ich darüber. Und schließlich hat das auch seine Vorteile, dann wird man ein bisschen in Ruhe gelassen.

Geflügelbauer Sven

Bei den Behörden werden wir eher als Sündenbock angesehen. Auf jeden Fall wird man immer sehr kritisch beäugt – das ist schwierig.

Ackerbäuerin Christa-Maria

Für Behörden ist unsere Betriebsstruktur vermutlich nicht zukunftsfähig. Die sehen uns eher als Nischenbetrieb und glauben, dass Landwirtschaft so nicht funktionieren kann. Aber es kommen keine direkten negativen Bemerkungen. Wir werden eher nicht beachtet.

Biobauer Armin

Mit Behörden habe ich keine schlechten Erfahrungen gemacht. Da mein Sohn und meine Frau in der Lokalpolitik aktiv und bekannt sind, werden wir anerkannt. Auch mit dem Veterinäramt und dem Landwirtschaftsamt haben wir ein sehr gutes Verhältnis. Unser Betrieb wird sowieso sehr häufig ausgesucht für Veranstaltungen, bei denen Presse und Politik zusammengebracht werden.

Altenteiler Helmut

Der Umgang von Behörden mit Landwirten ist nach meiner Einschätzung schon sehr unterschiedlich. Auf der Beratungsseite habe ich sehr gute Erfahrungen gesammelt, auf der Kontrollseite habe ich sie oft als sehr kleinlich und pingelig erlebt. Ähnlich ist das übrigens auch beim Kontakt mit dem Finanzamt. Als Direktvermarkter mit Kartoffeln kommt man schon schnell in den Verdacht, Schwarzgeld zu machen. Und das ist nicht so ein tolles Gefühl, zumal wir nach bestem Wissen und Gewissen unser Kassenbuch führen.

Kartoffelbauer Jürgen

Foto: © Matthiesen&Wilk

Wo sich viele Menschen meistens nur den Ausweis verlängern lassen, sind Landwirtinnen und Landwirte ständige Gäste: Behördengänge gehören für sie fast zum Alltag. Inzwischen ist jedoch auch vieles online möglich.

BLICK
NACH OBEN

Foto: © Matthiesen&Wilk

„Wir hatten dramatische Zustände auf dem Hof!“

Natürlich spüren auch wir den Klimawandel, und da habe ich die Befürchtung, dass wir die Kurve leider nicht kriegen. Mir macht die Klimakrise jedenfalls große Sorgen, die für uns Landwirte quasi zu den berufsspezifischen Risiken gehört. Ich nehme sie als besonders existenzbedrohend wahr.

Geflügelbauer Sven

Insgesamt ist die Zukunft der Landwirtschaft sehr unsicher, weil man gar nicht weiß, was der Klimawandel für Folgen haben wird. Das ist überhaupt nicht absehbar. Allein wenn ich an die Waldwirtschaft denke: Wir haben hier ganz viel Fichtenwald. Der stirbt so schnell aus, das ist Wahnsinn!

Strohschweinhalter Rainer

Bei heißen Temperaturen ist entscheidend, dass unsere Tiere stets Zugang zu frischem Wasser haben. Aus diesem Grund haben wir ein ausgedehntes System von Schläuchen und Tränken installiert, um sicherzustellen, dass ihre Bedürfnisse erfüllt sind – eine lebenswichtige Maßnahme, die ihre Gesundheit unterstützt. Um unseren Schafen zusätzlichen Schutz zu bieten, haben wir Schattenspender neben den Bäumen auf den Weiden errichtet. Dies ermöglicht es den Tieren, sich vor der zunehmenden Hitze zurückzuziehen und ihr Wohlbefinden zu bewahren. Das ist unter den veränderten klimatischen Bedingungen von großer Bedeutung.

Kohlbauer und Weidetierhalter Peter

Wenn ich die Ertrags- und Qualitätsvorgaben einhalten möchte, ist es zwingend erforderlich, dass ich die Kartoffeln im trockenen Sommer beregne. Ich brauche dafür einen Brunnen, aus dem ich das Grundwasser heraussaugen darf. Das Ganze muss natürlich genehmigt werden, was ziemlich komplex und kompliziert ist. Da ist die Frage, ob wir die Genehmigung auch zukünftig erhalten, da das Grundwasser knapp ist – und ob wir als Landwirte für die Nahrungsproduktion Vorrang haben oder ob das die Industrie sein wird oder andere Bereiche. Dann brauche ich eine Pumpe und eine Beregnungstrommel mit einem Beregner hintendran, der das Wasser auf dem Acker verteilt. In 18 bis 20 Stunden schaffe ich es, etwa 2,5 Hektar zu beregnen. Auf der einen Seite kostet uns das extrem viel Zeit und Nerven, auf der anderen Seite sehr, sehr viel Diesel: Um alle Flächen unseres Betriebs zu beregnen, verbrauchen wir pro heißem, trockenem Sommer gut 15 bis 20 Liter die Stunde. Das ist also ein sehr teures Vergnügen!

Aber immerhin haben wir auf diese Weise die Möglichkeit, gegen die Trockenheit anzugehen.

Kartoffelbauer Jürgen

Wenn es aber zu starken Regenfällen kommt, müssen wir flexibel reagieren. Unser Boden muss durchlässig sein, damit das Wasser abfließen kann. Deshalb setzen wir verstärkt auf den Anbau von Zwischenfrüchten, die nicht nur die Bodenqualität verbessern, sondern auch als Nahrungsquelle für unsere Tiere dienen – eine wichtige Strategie, um die Auswirkungen des Klimawandels auf unseren Betrieb zu mildern. Die Erhaltung unseres wertvollsten Guts, des Landes, ist für uns von höchster Priorität! Wir pflegen unsere Drainagen regelmäßig, baggern Gräben aus und vermeiden Verdichtungen, um den Boden vor den extremen Wetterbedingungen zu schützen. Durch den Einsatz von breiten Reifen verringern wir die Bodenbelastung bei nassem Wetter und passen unsere Anbaumethoden an, um die Bodenfeuchtigkeit zu erhalten. Angesichts der zunehmenden Herausforderungen des Klimawandels denken wir auch über den Anbau neuer Pflanzen wie zum Beispiel Soja nach, die besser an die veränderten klimatischen Bedingungen angepasst sind.

Kohlbauer und Weidetierhalter Peter

2018 hatten wir ein katastrophales Dürrejahr. Das war traumatisch! Von April bis Oktober gab es keinen Regen auf den Weiden. Alles war verdorrt. Die Tiere hatten Hunger, und es war ihnen zu heiß. Wir haben zwölf Kühe verkaufen müssen, weil wir sie nicht ernähren konnten. Ein Tier ist sogar am Hitzschlag verendet. Und dann mussten wir

Um das Wasser zur Beregnung exakt einzusetzen, sind neben aktuellen Klimadaten und Kenntnisse über die Bodenbeschaffenheit auch Monitoring, Einsatzplanung, Automatisierung und Smart Irrigation unverzichtbar.

schon im August unser Wintersilo anbrechen. Das war viel zu früh.
Wir hatten also dramatische Zustände auf dem Hof! Und als endlich wieder Regen kam, war ich auf den Flächen unterwegs, habe die Natur beobachtet und festgestellt, dass das Gras zuerst an den Stellen wieder grün wurde und zu wachsen anfing, die sich direkt neben den Gehölzen befanden. Das hat mir sehr zu denken gegeben. Also bin ich der Frage nachgegangen, was die Gehölze mit dem Wachstum und dem Wassermanagement zu tun haben. So bin ich bei meinen Recherchen auf die Agroforst-Wirtschaft und regenerative Landwirtschaft gestoßen. Davon war ich völlig fasziniert und begeistert. Dann haben wir uns damit intensiv beschäftigt und das Ganze auch umgesetzt: 2020 haben wir die ersten Agroforst-Systeme gepflanzt; 2021 haben wir auch das Acker-Agroforst-System etabliert.

Biobauer Felix

Kühe mögen gern eine Erfrischung, besonders wenn es warm ist. Denn ihre Wohlfühltemperatur liegt bei etwa 18 bis 20 Grad.

Foto: © Matthiesen&Wilk

„Ein Agroforst-System hilft ganz praktisch gegen die Folgen des Klimawandels.“

Agroforst-Landwirtschaft bezeichnet eine Landnutzung, die verschiedene Kulturarten mit Gehölzen kombiniert. Das geht beim Gemüse ebenso wie im Getreidebau oder der Weidehaltung. Wir pflanzen beispielsweise eine Apfelplantage und lassen dort die Rinder weiden: Das ist ein Agroforst-System, das man auch als Streuobstweide kennt. Neben Esskastanien haben wir eine Obstplantage mit Äpfeln, Birnen und Pflaumen auf unserer Rinderweide gepflanzt. Außerdem haben wir eine sogenannte Futterlaubhecke geschaffen. Ein Gehölzstreifen säumt den Weidetriebweg, wo Holunder, Haselnuss, Maulbeere, Erle und Ahorn miteinander kombiniert wurden. Das schafft verschiedene Ökosystemleistungen und dient unseren Rindern gleichzeitig als Futterquelle. Direkt auf dem Acker haben wir aber auch ein System mit Walnüssen und sogenanntem Wertholz geschaffen. So nennt man Bäume, die in den ersten Jahren aufgeastet werden, ganz lang und gerade wachsen sollen und nach 60 bis 70 Jahren als Furnierholz gefällt werden. Und das Furnierholz kann man für viel Geld verkaufen. Somit schaffen wir quasi für die nächste Generation auch noch ein ganz interessantes Polster.

Biobauer Felix

Wir sind Stück für Stück dabei – auch mit unserem Dorfverein – unsere Weideflächen immer mehr in Streuobstwiesen zu verwandeln, sodass ich im Sommer ein gewisses Schattendach für meine Tiere habe. Unsere Streuobstwiese haben wir mittlerweile um 42 Obstbäume erweitert. Aus meiner Sicht ist das zwar kein klassischer Agroforst, aber neben den ökologischen Gesichtspunkten geht es uns vor allem darum, unserem Geflügel im Sommer Schatten zu geben. Außerdem nutzen wir auf diese Weise den Effekt tiefwurzelnder Bäume, die die Feuchtigkeit nach oben bringen. Das kommt wiederum dem Gras zugute. Man muss auf die Situation reagieren. Es hat keinen Sinn, zu jammern und nach Geld zu schreien. Vielmehr muss man sehen, dass man das Beste daraus macht.

Geflügelbauer Sven

Ein Agroforst-System hilft jedenfalls ganz praktisch gegen die Folgen des Klimawandels, denn durch Gehölze auf einer offenen Fläche entstehen sowohl Schatten als auch Windreduktion. Beide Faktoren schaffen ein feuchteres Mikroklima, und diese Feuchtigkeit kann sehr viel besser für die Kultur genutzt werden. Das macht den Agroforst gerade in Dürresituationen sehr viel resilienter. Mit Agroforst-Wirtschaft kann man aber nicht nur den Folgen des Klimawandels entgegenwirken, sondern sogar aktiv etwas dagegensetzen: Wenn beispielsweise auf einer landwirtschaftlichen Getreidefläche Bäume integriert werden, die weit genug auseinanderstehen, sodass immer noch Licht auf den Boden fallen kann, entsteht eine dreidimensionale Ebene für erhöhte Fotosynthese. Diese erhöht sich teilweise um bis zu 40 Prozent. Und das heißt dann 40 Prozent mehr Kohlenstoff, der über die Pflanzen synthetisiert und zu Biomasse oder Bodenkohlenstoff festgesetzt wird. Das ist ein prima Beitrag gegen den Klimawandel und in meinen Augen das wichtigste Argument für die Agroforst-Wirtschaft überhaupt.

Biobauer Felix

Foto: © Privatfoto Felix

Bäume dienen als hervorragende Schattenspender. Gepflanzt auf einer Weide sind sie das typische Zeichen für Agroforst.

„Man muss tatsächlich anders wirtschaften."

Ich bin inzwischen über fünfzig und werde die ganz schlimmen Auswirkungen des Klimawandels nicht mehr mitbekommen. Es wird aber jetzt schon unkalkulierbarer. Zum Beispiel 2023: Von Mitte März bis Mitte Mai war es kalt und nass. Man hat weder Kartoffeln noch Sommergetreide vernünftig in den Boden bringen können. Dann hat man sie doch in einen zu nassen Boden gebracht – und dann gab es für sechs Wochen keinen Regen mehr. Erst war es also zu nass, dann zu trocken. Zudem hatten wir relativ viel Wind. Der Boden hatte sich total zusammengezogen – in ihm war keine Luft mehr. Aber so wie Wasser in den Boden gehört, gehört auch Luft hinein. Doch durch die Wetterereignisse haben viele Prozesse einfach nicht stattgefunden, denn die ganzen Bodenlebewesen brauchen auch Luft und die hat einfach gefehlt. Das Wetter wird immer unberechenbarer. Man weiß einfach nicht mehr, was richtig ist.

Biobauer Armin

Man muss tatsächlich anders wirtschaften, andere Methoden entwickeln, noch mehr Zwischenfrüchte anbauen oder anders bei der Bodenbearbeitung vorgehen – man muss sich eben strategisch an die Gegebenheiten anpassen. Dafür erwarten wir als Landwirte auch mehr Freiheiten, beispielsweise dass Sachen, die sich bewährt haben, auch weiterhin zugelassen werden. Und dass der Markt für bestimmte Pflanzenschutzmittel offen bleibt und nicht alles verboten wird. Schon seit Jahren testen wir verschiedene Getreidesorten. Dabei haben wir beispielsweise festgestellt, dass sich alte Sorten, die man schon fast verdrängt hatte, sehr positiv gezeigt haben. Dieses Getreide sah zwischendurch furchtbar aus, aber nach dem Dreschen hat es sich als gigantischer Weizen mit einem erstklassigen Proteingehalt entpuppt. Man muss sich eben auch auf das gute Alte konzentrieren.

Ackerbäuerin Christa-Maria

Ich bin Befürworterin der neuen Gentechnik. Darin sehe ich auch große Chancen, weil es ja pflanzeninterne Gene sind und sorgsam gearbeitet wird. Solche Möglichkeiten einfach zu verneinen, obwohl sie uns so viel bessere Produkte oder Lebensmittel bieten können, wäre schade. Innovationen abzulehnen, hat noch keinen weitergebracht. Zudem kann man sich vor ihnen nicht verstecken – sie werden so oder so kommen! Und darauf freue ich mich, vor allem, wenn damit auch das Klima gerettet werden kann.

Milchbäuerin Katharina

Der Klimawandel ist eine Riesenaufgabe, die der Einzelne nicht bewältigen kann. Wenn daran geforscht wird, genverändertes Getreide zu entwickeln, das mit Hitze, Trockenheit oder Insektenbefall besser umgehen kann, tut sich die Politik sehr schwer. Aber: Will man neue resistente Getreidearten rein konventionell entwickeln, dauert es Jahre, wenn nicht gar Jahrzehnte – und mittels Gentechnik geht es in viel kürzerer Zeit. Oft wird das auch von Menschen blockiert, die gar keine Ahnung haben. Ich denke, man sollte sich doch von Fachleuten erst einmal erklären lassen, wie viel Zeit durch Gentechnik zu gewinnen wäre. Und wenn Getreide gentechnisch verändert werden könnte, sodass es mit weniger Wasser auskommt oder früher oder später in die Reife kommt, dann ließe sich damit viel Gutes erreichen. Doch manche Leute sträuben sich vehement dagegen. Da merke ich, wie engstirnig und kleinkariert manche Menschen auch in der Politik sind.

Altenteiler Helmut

Wir befassen uns bereits mit klimaverträglicheren Pflanzensorten, beispielsweise mit Hirse oder Chia. Wir versuchen auch, mehr in die Mischkultur zu gehen und den Boden möglichst nicht mehr brach liegen zu lassen. Entweder ist er begrünt oder ganz leicht angefräst, damit die organische Masse oben liegt und der Boden seinen Schutz hat. Außerdem geht es darum, die Kapillare zu erhalten, damit der Boden viel Wasser aufnehmen und abgeben kann. Das Wassermanagement spielt eine immer größere Rolle. Das Ziel ist auf jeden Fall, den Pflug so wenig und so flach wie nötig einzusetzen.

Biobauer Armin

Wir haben bereits einige Änderungen in unserer Anbaupraxis vorgenommen, wie die Umstellung auf pflugloses Arbeiten mit einem Tiefenmeißel oder Tiefengrubber. Das hat sich positiv auf den Boden ausgewirkt und die Probleme mit dem Oberflächenwasser reduziert. Unsere Erfahrungen sind jedenfalls sehr zufriedenstellend.

Kohlbauer und Weidetierhalter Peter

Hitze und Trockenstress führen beim Mais zu Ernteeinbußen. Daher geben die Saatguthersteller viel Geld für die Züchtung hitzeresistenter Pflanzen aus.

Foto: © Matthiesen&Wilk

Foto: © Amazone

Was in den Steppengebieten schon lange Trend ist, kommt im Zuge des Klimawandels auch nach Europa: Direktsaat statt Pflügen.

Ich möchte dem Boden auch ein bisschen unter die Arme greifen, sodass er Starkregenereignisse und Trockenheitsperioden besser verkraften kann. Deshalb kalke ich den Boden anders, bestelle ihn mit Zwischenfrüchten und tief wurzelnden Pflanzen. Insgesamt versuche ich, den Boden weniger zu bewegen, weniger tief zu pflügen und mehr oberflächlich zu grubbern. Damit möchte ich das Bodenleben fördern und kann zusätzlich Wasser einsparen. Gleichzeitig wollen wir weniger Chemie einsetzen. Schon seit mehreren Jahren haben wir keine Herbizide mehr genutzt, also die Kartoffeln nicht mehr gegen Unkräuter gespritzt. Dafür sind wir dann mechanisch mit einem Striegel oder einer Hacke über den Acker gegangen. Dadurch entsteht aber leider wieder Bodenbewegung, gerade in der Frühjahrstrockenheit, und ich schneide mir wieder selbst ins Fleisch, weil ich auch ordentlich Wasser aus dem Boden heraushole. Als Landwirt dem Klima angepasst und nachhaltig zu wirtschaften, ist jedenfalls echt schwer!

Kartoffelbauer Jürgen

Mir macht der Klimawandel Angst. Ich möchte mich aber nicht nur von der Angst leiten lassen, sondern denke, dass gerade wir Landwirte ein Teil der Lösung sind. Wir können CO_2 speichern, wir können dem Klima etwas Gutes tun! Wir haben jedenfalls schon verschiedene Sachen ausprobiert und überlegen, was wir ändern können. Wir sind gut vernetzt und versuchen immer, auf dem aktuellen Stand zu sein, mit den neuesten Ideen, Innovationen und Perspektiven. Genau das finde ich auch so spannend an unserer Branche: Eigentlich ist sie traditionell, aber doch so bunt und so modern und immer wieder neu. Dinge, die wir uns früher nicht ausmalen konnten, setzen wir heute einfach um – was aber nicht heißt, dass wir nicht auch weiter gegen den Klimawandel kämpfen müssten.

Milchbäuerin Katharina

Natürlich kann man als Landwirt bei diesem Thema Panik bekommen. In Süd- und Mitteldeutschland gibt es bereits Regionen, in denen ein Kartoffelanbau nicht mehr rentabel ist. Denn die Kartoffel geht ab 40 Grad kaputt oder bekommt massive Schäden. Da haben wir in Norddeutschland mit unserer Grundwassernähe etwas mehr Glück. Aber wenn es hier auch mal so kommen sollte, dann müssen wir uns etwas anderes einfallen lassen. Schlaflose Nächte bereitet mir der Klimawandel aber noch nicht: Bisher kann ich mir nicht vorstellen, dass es mal dazu kommt, dass man gar keine Kartoffeln mehr anbauen kann.

Kartoffelbauer Jürgen

Was soll der Landwirt aber auch machen bei den Klimaveränderungen – außer vielleicht andere Getreidesorten zu säen, die trocken- und hitzeresistenter sind oder die man früher erntet oder später sät? Mehr kann der Landwirt ja nicht machen! Es verschiebt sich alles. Den Mais kann man mittlerweile schon im April säen, und wenn es dann eine Trockenphase gibt, ist er schon durch. Das sind Kleinigkeiten, die dem Landwirt bleiben. Ansonsten kann er nur hoffen, dass er so durchkommt.

Altenteiler Helmut

Wegen des Klimawandels wird sich auf jeden Fall etwas ändern müssen! Es wird ein paar Landwirte geben, die clever sind und auf andere Anbaumethoden und Getreidesorten umstellen, wie zum Beispiel auf Hirse. Ich denke aber, dass die Masse der Bauern so lange wie möglich versuchen wird, alte Gepflogenheiten zu bewahren.

Geflügelbauer Sven

Wetterextreme bestimmen immer öfter das Klima in Deutschland – auch Überflutungen durch enormen Regen zu ungewöhnlichen Jahreszeiten nehmen weiter zu.

Agroforstwirtschaft
Das Miteinander von Landwirtschaft und Bäumen
Weitere Infos unter:
www.agroforst.info
Hier wächst ein Agroforstsystem. Es bietet viele Vorteile:

Wir fokussieren uns auf das Thema Nachhaltigkeit – das finde ich sinnstiftend und zukunftsfähig!

Felix (* 1994) aus Schleswig-Holstein
Biobauer und Agroforst-Landwirt

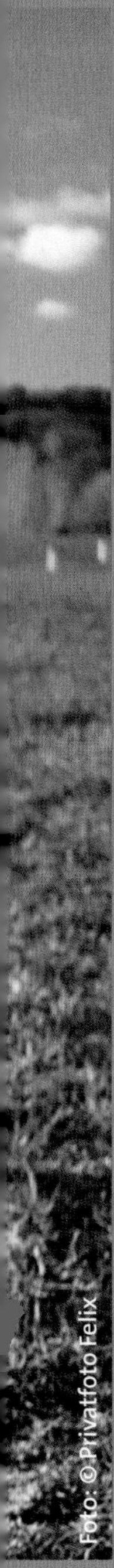

Foto: © Privatfoto Felix

Die Agroforstwirtschaft ist Felix' große Leidenschaft: Der Junglandwirt ist hoch engagiert und hält mittlerweile auch Vorträge darüber.

Wir haben 70 Kühe plus Kälber und Ochsen für die Milch- und Fleischproduktion. Mehrere Monate im Jahr betreiben wir Vollweidehaltung. In der kälteren Jahreszeit füttern wir zu. Zwar geschieht das im Stall, aber die Türen zur Weide bleiben offen. So können die Tiere frei wählen, ob sie an den Futtertisch oder auf die Weide gehen wollen. Außerdem bewirtschaften wir etwa 90 Hektar Land. In erster Linie bauen wir Winterfutter in Form von Klee- und Luzernegras für unsere Rinder an. Außerdem machen wir Futtermais für die Silage. Und eine Fläche wird für Getreide wie Dinkel oder Hafer genutzt, das wir verkaufen.

Wir betreiben den Hof mittlerweile in der fünften Generation. Anfangs war das schon ein großer, aber ganz klassischer Bilderbuch-Bauernhof mit Schweinen, Kühen, Hühnern, einem großen Gemüsegarten, kleinen Waldstücken sowie Ackerflächen und Grünland. Zur Zeit meines Großvaters hat man sich aber auf die Milchviehhaltung fokussiert und einen großen Laufstall für 80 Tiere gebaut. Davon haben meine Eltern und auch ich stark profitiert. Doch dann kamen die großen Milchkrisen, und 2006 wurde uns klar: Ein Hof mit 70 Milchkühen ist ökonomisch nicht resilient genug. Es gab zwei Optionen: Entweder das Land zu vergrößern und den Viehbestand aufzustocken, oder bei der Tierzahl zu bleiben, dafür aber die Vermarktung selbst in die Hand zu nehmen. Und diesen Weg sind meine Eltern dann gegangen und haben eine eigene Molkerei aufgebaut. Mittlerweile haben wir neben dem Hofladen auch einen eigenen Onlineshop. Zudem beliefern wir rund 1.200 Einzelkunden. Das ist schon ein großer administrativer Aufwand! Deshalb sind neben meinen Eltern, meiner Schwester und mir noch 25 Mitarbeiter bei uns beschäftigt. In der Landwirtschaft sind wir aber nur zu viert.

Ich selbst bin seit 2020 auf dem Hof tätig. 2024 haben meine Eltern den Hof an mich übergeben. Nach dem Abitur habe ich zunächst eine landwirtschaftliche Ausbildung absolviert und war dabei auch auf einem Betrieb mit biologisch-dynamischem Landbau. Mich hat dort sofort fasziniert, wie mit der Ökologie und der Natur umgegangen wurde. Nachdem ich dann noch ein Jahr in Neuseeland gearbeitet hatte, begann ich deshalb auch, ökologische Agrarwissenschaften zu studieren. Dabei konnte ich mir viel Wissen aneignen.

Nachdem unser Hof 2017 die Bio-Zertifizierung nach EU-Richtlinien erhielt, hat meine Mutter einen eigenen Bauernhofkindergarten ins Leben gerufen. Den haben wir an eine Kita-Organisation verpachtet. Wir stellen quasi die Fläche und einen Bauwagen zur Verfügung. Mittlerweile sind noch mehr pädagogische Angebote für Schüler hinzugekommen, ebenso wie Workshops für Erwachsene. Mein Part sind unter anderem die Bildungsangebote für Nachhaltigkeitsentwicklung in Form von Führungen auf dem Hof. Ich halte aber auch Vorträge, um über meine Idee einer zukunftsfähigen Landwirtschaft zu reden. Außerdem haben wir uns – auch wegen der klimatischen Veränderungen, vor allem aufgrund der katastrophalen Dürre im Jahr 2018 – mit verschiedenen Ökosystemen auseinandergesetzt. Mittlerweile wachsen bei uns sogenannte Agroforst-Systeme, die wir gerade weiterentwickeln. Wir fokussieren uns jedenfalls auf das Thema Nachhaltigkeit, bauen auf ökonomischer, ökologischer und sozialer Ebene Betriebszweige auf und sorgen damit auch für Menschen aus unserer Umgebung – das finde ich sehr sinnstiftend und zukunftsfähig!

Foto: © Privatfoto Felix

Felix und seine Familie haben sich für die Selbstvermarktung entschieden. Für ihre Biomilch haben sie eine eigene Molkerei aufgebaut.

„Wir sind ständig in einem Spagat."

Zu der Zeit, als die Landwirtschaft generell sehr heftig kritisiert wurde, kam ich schon ins Zweifeln und Grübeln. Da habe ich unsere ganze Arbeits- und Wirtschaftsweise ziemlich selbstkritisch unter die Lupe genommen. Als ich mich dann mit dem Thema Boden auseinandergesetzt habe, hatte ich auch gleich ein krasses Erlebnis: Ich habe im Acker gegraben und wollte Regenwürmer suchen, habe aber auf unserem Acker nicht einen einzigen Regenwurm finden können. Erst habe ich gedacht, dass es bei uns eben keine Regenwürmer gibt. Doch dann bin ich in den Garten gegangen, habe im Rasen gebuddelt – und tatsächlich Regenwürmer gefunden. Daraufhin habe ich die Bewirtschaftung auf unserem Acker umgestellt, habe mehr gekalkt, Zwischenfrüchte gesät und Kompost gestreut. Und siehe da: Nach drei, vier Jahren waren auch die ersten Regenwürmer da! Und ein Regenwurm ist ein wichtiger Indikator für einen guten Boden: Er ist ein Freund, den man nicht zu viel ärgern darf. Jedenfalls hat der ökologische Aspekt für mich mittlerweile eine große Bedeutung. Denn wenn wir so weitermachen wie bisher, verschwenden wir zu viele Ressourcen – und unserem Boden tun wir nicht immer nur Gutes. Ich bin zwar ein konventionell wirtschaftender Betrieb, arbeite aber hart an der Grenze zum Biobetrieb: Das, was möglich ist, versuche ich auf biologische Weise zu regeln.

Kartoffelbauer Jürgen

Wir sind offen für Alternativen. Zum Beispiel experimentieren wir damit, Weizen in Zwischenfrüchte zu säen, um den Einsatz von Herbiziden zu vermeiden und Pflanzenschutzmittel einzusparen. Wir beschäftigen uns intensiv damit, da uns immer mehr Pflanzenschutzmittel gestrichen werden und wir alle gemeinsam an einem Strang ziehen. Es ist möglich, dass konventionelle Betriebe mit der Zeit vermehrt auf Bio umstellen, da viele Mittel verboten werden.

Kohlbauer und Weidetierhalter Peter

Wir haben etwa geändert, dass wir das Unkraut zwischen den Kartoffeln nicht mehr spritzen, sondern striegeln und hacken. Das ist allerdings auch wieder etwas, wo ich in einen Zwiespalt gerate: Ich habe kein Pflanzenschutzmittel ausgebracht, fahre dafür aber mit dem Trecker viel durch die Kartoffeln, um das Kraut zu bekämpfen. Dafür ist locker dreimal so viel Zeit nötig als mit der Spritze. Ich muss also mehr Arbeitsstunden aufwenden und brauche mehr Diesel, den ich in die Luft blase. Und durch meine Bearbeitung mit dem schweren Fahrzeug trockne ich den Boden aus. Das heißt, ich verschwende schon wieder Wasser. Da stelle ich mir tatsächlich die Frage, wie gut das eigentlich ist, dieses ganze biologische System. Bis wohin funktioniert das gut, und wo hat das Ganze auch wieder Grenzen? Wenn ich das Wasser aus dem Boden striegele und ihn danach wieder mit Grundwasser bewässern muss, ist das Ganze ja auch infrage zu stellen. Wir sind ständig in einem Spagat zwischen dem, was gut ist und dem, wo es wieder anfängt, schlecht zu werden. Insofern beschäftigt mich das doch sehr, dass ich den richtigen Weg nicht weiß. Bio als Allheilmittel – ja vielleicht, aber eben nicht überall, sag ich ganz ehrlich.

Kartoffelbauer Jürgen

Ich bin emotional ein großer Verfechter von ökologischem Landbau – auch wenn ich keinen eigenen Biobetrieb habe. Das liegt daran, dass wir leider nur ein Grünlandbetrieb sind. Da lässt sich das nicht so ohne Weiteres umsetzen. Ich würde gern umstellen, bin mir dabei allerdings auch bewusst, dass sich die Produkte dann verteuern würden – wobei ich denke, dass ein Großteil unserer Kunden damit leben könnte. Aber wenn ich als Tierhalter auf Bio umstellen will, muss ich 60 Prozent meines Grundfutters entweder auf meinem eigenen Betrieb oder zusammen mit einem Kooperationsbetrieb erzeugen. Ich würde dann von einem anderen Landwirt, der auch bio-zertifiziert ist, das nötige Futter bekommen, in dem Fall also Getreide, und liefere ihm dafür meinen Mist. Nur leben wir hier in einer Region, wo es keine Biobetriebe gibt. Jedenfalls ist keiner nah genug. Es macht ja keinen Sinn, wenn ich meinen Mist 50 Kilometer weit wegbringe. Trotzdem versuchen wir, möglichst nach ökologischen Prinzipien zu verfahren: Unsere Tiere sind alle in Freilandhaltung. Zusätzlich sind die Ställe so dimensioniert, dass wir die

Foto: © Matthiesen&Wilk

Immer mehr Pflanzenschutzmittel werden verboten. Deswegen nutzen nicht nur Biobetriebe Hacke und Striegel zur Beikrautbekämpfung.

Bioland-Richtlinien erfüllen. Ich achte also darauf, wie viel Stallfläche ein Tier braucht, wie viel Platz auf der Sitzstange und so weiter. Falls wir doch einmal umstellen auf Bio, wäre dafür schon viel vorbereitet.

Geflügelbauer Sven

Es gab den Vorwurf, dass wir kein Biohof sind, sondern konventionell arbeiten. Das stimmt, aber ich bin überzeugt von dem, was ich mache! Und meinen Anbau mache ich teilweise auch ökologisch: Ich nehme nicht einfach jedes beliebige Spritzmittel, sondern mache das mechanisch. Würde ich auf Bio umstellen, müsste ich in der Gastwirtschaft viel mehr Geld verlangen – und da bin ich mir nicht sicher, ob die Gäste dazu bereit wären.

Strohschweinhalter Rainer

Wir rechnen natürlich alle paar Jahre wieder durch, ob eine Umstellung auf Bio Sinn ergeben würde. Jedoch würden wir nie mit vollem Herzen dahinterstehen: Abgesehen davon, dass der Markt für Biomilch eh überschwemmt und die nächste Molkerei unverhältnismäßig weit weg ist, wäre das Ganze mit sehr hohen Umstellungs- und Produktionskosten verbunden. Bio ist letztlich auch nur ein menschengemachtes Siegel und sagt meiner Meinung nach wenig über die Tierhaltung und die Bewirtschaftung unserer Flächen in Zukunft aus.

Milchbäuerin Katharina

Wir haben jetzt eine Abspaltung des Betriebs, die Öko ist. Die Flächen müssen jetzt alle Öko sein, wenn man sie pachten will. Auf der Fläche stehen zwischen dem Getreide jede Menge Unkräuter. Nachdem wir das Getreide gedroschen haben, wird damit Brot ge-

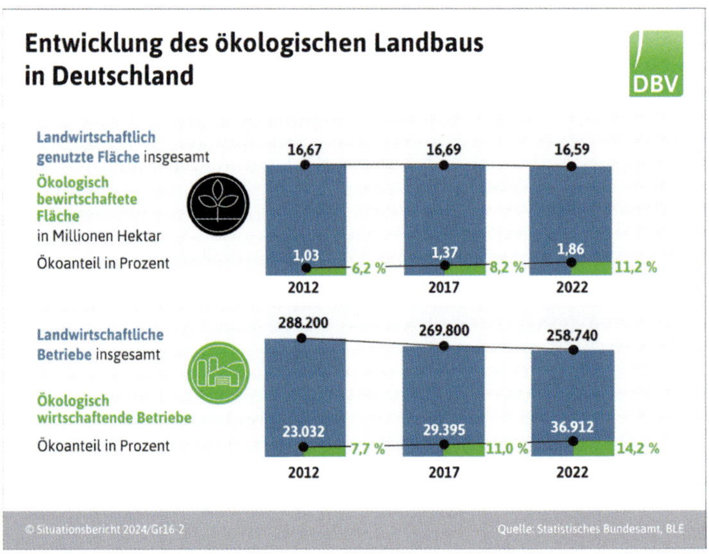

Foto: © DBV

Bis zum Jahr 2030 sollen 30 Prozent der landwirtschaftlichen Fläche in Deutschland ökologisch bewirtschaftet werden, so das Bundesministerium für Ernährung und Landwirtschaft.

Wenig Bodenverdichtung, null Emissionen: Die Hack- und Setzroboter sind häufig bei den kleinen Biobetrieben zu sehen, denn für große Schläge sind sie noch nicht effektiv genug.

Foto: © Matthiesen&Wilk

backen. Wir setzen im konventionellen Betrieb Pflanzenschutzmittel ein, damit alles sauber ist. Aber beim Getreide von der Ökofläche sind ja auch Pilze vorhanden – und das essen wir alles mit, es muss unbedingt Bio sein. Da frage ich mich: Was ist an einem guten Weizenbrot, das konventionell angebaut wurde, eigentlich so schlecht?

Ackerbäuerin Christa-Maria

Ich habe schon Probleme mit der Denkweise der alteingesessenen Landwirte, also mit den extrem konservativen Denkmustern, was das Thema Ökolandbau angeht: Dass da kein Umdenken stattfindet, belastet mich schon, und es ärgert mich auch. Wenn es um ökologische Umstellungen von Betrieben geht, dann wird selbst vonseiten des Deutschen Bauernverbandes so etwas geäußert wie: „Wenn wir alles auf Öko umstellen, dann können wir die Menschheit nicht mehr ernähren" – da werden viele Sachen aus dem Zusammenhang gegriffen, um Besitzstände zu wahren. Oder: „Wenn wir mit der Unkrautspritze nicht mehr übers Feld fahren können, dann verunkrauten unsere Äcker." Aber das stimmt nicht. Viele ökologisch arbeitende Betriebe beweisen, dass es auch anders geht – man muss es nur wollen!

Geflügelbauer Sven

Ich bin ein konventionell arbeitender Landwirt, werde das auch bleiben und niemals auf Öko umstellen. Ich halte davon gar nichts. Gleichzeitig kann ich mich nur darüber ärgern, dass Bio immer als gut und konventionell als schädlich dargestellt wird – ob in der Werbung oder auch in den Medien. Aber was soll ich dagegen machen? Ich fühle mich machtlos. Die Lobby dafür ist da, und es ist politisch und ideologisch gewollt.

Altenteiler Helmut

Bio hat immer diesen klimafreundlichen Touch, aber wir sind aus großer Überzeugung konventionelle Landwirte. Wir sehen einfach, dass die hohe Effizienz pro Tier und Hektar viel klimafreundlicher ist. Gerade bei schwindender Fläche und wachsender Weltbevölkerung ist es für uns nicht tragbar, unsere Lebensmittelproduktion zu extensivieren.

Milchbäuerin Katharina

Es stimmt, dass der ökologische Landbau weniger Ertrag bringt als der konventionelle Anbau. Das weiß ich nach 25 Jahren schon. Aber diese Lebensmittel sind auch deutlich hochwertiger – und wenn man sie nicht den Tieren zum Fressen vorwirft, braucht man davon auch viel weniger.

Biobauer Armin

„Hauptsache, „Bio" steht drauf!"

Ich habe nichts gegen Bio: Wenn jemand einen Biohof hat, entsprechend anbaut und im Hofladen seine Produkte verkauft, ist das „richtig Bio"! Aber wenn ich schon in den Werbeprospekten lese, dass „Biokartoffeln aus Ägypten" angeboten werden, denke ich: Das ist doch Wahnsinn! Hauptsache, „Bio" steht drauf, aber erstens gibt es im Ausland ganz andere Standards als bei uns. Zweitens muss man sich doch fragen, wie sinnvoll es eigentlich ist, Lebensmittel aus dem Ausland über lange Lieferwege hierher zu bringen – und das, während wir hier hochwertige Lebensmittel produzieren, die mindestens genauso gut sind.

Strohschweinhalter Rainer

Mich ärgert, dass Bio immer als toll dargestellt wird. Es gibt so viele Formen von Bio, und es ist eben nicht alles toll, kann es auch gar nicht sein. Allein im Geschäft am Gemüseregal sehe ich überall Bioartikel. Dann stellt sich jedoch heraus, dass das Produkt beispielsweise aus Südamerika kommt. Die Landwirte dort betreiben aber eine andere Form von Bio. Das ist wirklich eine Katastrophe, denn im Ausland gibt es ganz andere Vorschriften und Kontrollen als bei uns.

Ackerbäuerin Christa-Maria

Zum einen heißt es, dass wir eine nachhaltigere Landwirtschaft brauchen. Zum anderen produziert das Ausland günstiger, weshalb die Verbraucher eher die ausländische Ware kaufen, auch die Bioprodukte. Dafür mache ich aber nicht die Politik verantwortlich, sondern den Handel. Einige wenige Großkonzerne und Handelsketten verdienen auf Kosten der eigenen Landwirtschaft extrem viel, haben damit eine wahnsinnige Macht über die Preise und setzen uns Landwirte unter Druck. Darauf müssen wir dann reagieren – und das geht in der Regel auf Kosten der Ökologie und des Sozialen, weil es sich ansonsten eben nicht rechnet.

Biobauer Felix

Auf dem Großmarkt in Hamburg werden nicht nur Gemüse und Obst aus Deutschland umgeschlagen, vermehrt sind es Waren aus dem Ausland, die hier ihre Abnehmer finden.

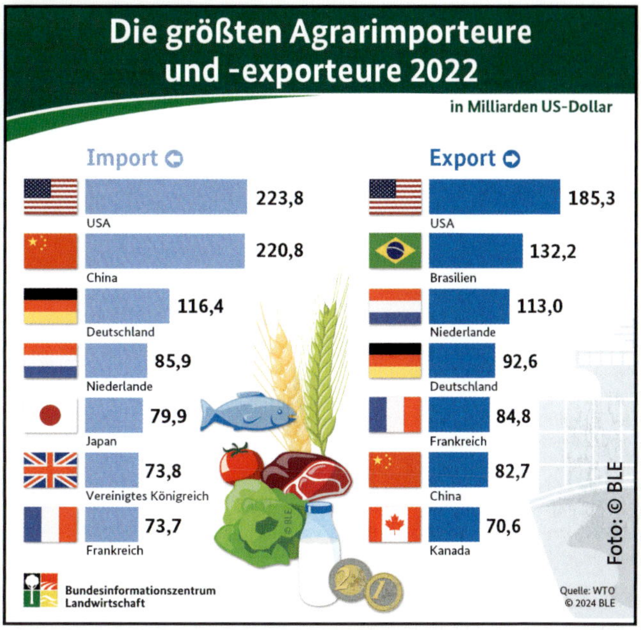

Deutschland importiert mehr Agrargüter, als es exportiert – und das nicht nur im Gemüse- oder Obstsektor.

„Wir sollten eine gesunde Mischung hinbekommen."

Die Entscheidung, auf ökologischen Ackerbaubetrieb umzustellen, macht sicherlich eine gewisse Angst – zumal das Ganze auch mit sehr viel Risiko und Geld verbunden ist. Aber es funktioniert, es ist eben kein Harakiri! Man muss es nur wirklich wollen. Neben der Angst geht es aber auch um die extreme Lobbyarbeit der Industrie für Dünger und Pflanzenschutzmittel. An solchen Veränderungen hat sie natürlich keinerlei Interesse; dann wäre sie ja ihre

Kunden los. Und aus dieser Richtung kommen eben auch viele Aussagen vom Deutschen Bauernverband. Das Ganze ist jedenfalls ein ziemlich vielschichtiges Problem.

Geflügelbauer Sven

Den Menschen wurde in den letzten Jahren ständig erzählt, dass Bio einfach besser sei. Also hat der Biobauer plötzlich einen höheren sozialen Status als der „umweltverschmutzende, güllende Chemiebauer". Dass der Biobauer auch Gülle ausbringt, wissen viele nicht. Ich finde, dass wir eine klare Linie brauchen, was umwelt- und tiergerechte Landwirtschaft in Zukunft eigentlich bedeutet. Diese Debatte sollte nicht ideologisch geführt werden, sondern auf Basis wissenschaftlicher Erkenntnisse. Auch das Bewusstsein der Menschen sollte sich da etwas schärfen, denn wenn sie nur die schöne Verpackung oder das Biosiegel kaufen, heißt es noch lange nicht, dass das Tier besser gehalten wird oder gar aus Deutschland kommt.

Milchbäuerin Katharina

In meinen Augen kommt der Ruf nach Biolebensmitteln stark von der Politik und den Medien. Das ist grundsätzlich in Ordnung, jedoch ist nicht jeder Landwirt in der Lage, auf Bio umzustellen. Der Markt ist bereits gesättigt. Wenn nun noch mehr Betriebe auf Bio umstellen, könnte dies zu einer Verschlechterung der Preise führen. Gerade in Zeiten, in denen Konsumenten weniger Geld ausgeben, sollte dies politisch anerkannt werden. Es ist wichtig, dass wir realistisch bleiben und die Auswirkungen auf den Markt berücksichtigen.

Kohlbauer und Weidetierhalter Peter

Politik, Medien und Gesellschaft versuchen immer wieder, einen Keil zwischen konventionell arbeitende und biologisch wirtschaftende Landwirte zu treiben. Und das finde ich nicht gut, denn wir sind alle Landwirte!

Ackerbäuerin Christa-Maria

Stand jetzt würde ich jedenfalls bei konventionellen Anbaumethoden bleiben, denn ich bin überzeugt, dass das, was wir tun, gut ist. Wir sollten als konventionelle Landwirte stolz darauf sein, was wir erreichen. Natürlich gibt es Verbesserungsmöglichkeiten, aber im Großen und Ganzen betreiben wir eine hervorragende Landwirtschaft, die auch auf die Tierhaltung übertragbar ist. Eine gute Haltung ist wichtig, damit Tiere gesund und leistungsfähig sind. Dies sollten wir nach außen tragen. Die Politik sollte überlegen, welche Richtung sie einschlagen will. Es kann nicht sein, dass Tiere Namen haben und draußen leben, aber keine Leistung bringen. Es muss auch einträglich bleiben. Schließlich sind wir wirtschaftlich handelnde Unternehmen.

Kohlbauer und Weidetierhalter Peter

Ich habe die Zukunftsvision, dass wir wegkommen von den Pestiziden und den künstlichen Düngemitteln – ob dann das Ziel der biologische Landbau ist, weiß ich aber nicht. Das Ganze muss auf jeden Fall langsam vonstattengehen: Die Gesellschaft muss mitziehen und die Preise müssen ehrlich werden. Denn die konventionellen Lebensmittel sind zwar günstiger, aber die eigentlichen, versteckten Kosten trägt der Steuerzahler. Eine Untersuchung zeigt, dass die Inhaltsstoffe in unseren Lebensmitteln innerhalb von 50 Jahren um mehr als die Hälfte abgenommen haben, vor allem die Spurennährstoffe. Durch die konventionelle Landwirtschaft hat eine Verarmung der Böden und Pflanzen stattgefunden, was zu einer Verarmung der Lebensmittel führte. Vielleicht sind noch viel Eiweiß und Kohlenhydrate enthalten, aber die ganzen Mineralstoffe und Vitamine haben sich extrem reduziert. Zwar haben wir dennoch eine steigende Lebenserwartung, aber gleichzeitig auch unendliche Kosten im Gesundheitssystem. Insofern wäre es klüger, die biologische Landwirtschaft zu unterstützen und für gesunde Böden, gesunde Pflanzen und gesunde Menschen zu sorgen. Lebensmittel würden etwas teurer sein, aber wir hätten weniger Krankenkassenkosten.

Biobauer Armin

Für mich ist Konventionell oder Bio nicht mehr die Frage. Zukünftig sollten wir uns eher Gedanken darüber machen, wie nachhaltig wir arbeiten. Denn auch eine biologische Produktion verschwendet ja Ressourcen. Die Biobauern ernten nur die Hälfte auf der Fläche, insofern ist das auch nicht unbedingt nachhaltig. Und ich bin der Meinung, wir sollten eine ganz gesunde Mischung aus beidem hinbekommen. Meine Betriebsform ist genau zwischen Bio und Konvi. Ich versuche, möglichst nachhaltig zu wirtschaften. Nachhaltigkeit ist, meiner Meinung nach, jedenfalls das Schlagwort der Zukunft.

Kartoffelbauer Jürgen

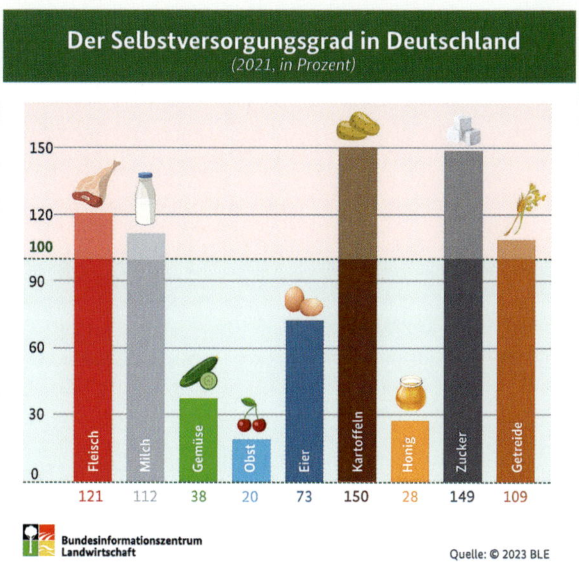

Bei den Grundnahrungsmitteln ist der Selbstversorgungsgrad in Deutschland trotz allem noch weitreichend gegeben.

Foto: © BLE

Anfangs sind wir mit unseren Strohschweinen belächelt worden. Jetzt sind wir ein Vorzeigeprojekt!

Rainer (* 1972) aus Bayern
Strohschweinhalter und Gasthausbetreiber

Foto: © Privatfoto Rainer

Erst im zweiten Beruf wurde Rainer Landwirt. Jetzt genießt er die Freiheit als Bauer.

Als Familienbetrieb haben wir zurzeit rund 300 Babyferkel und 700 Strohschweine, die bis zur Endmast bei uns bleiben. Wir züchten allerdings keine Schweine, sondern kaufen Babyferkel von einem Erzeuger. Die müssen ganz klein sein und etwa acht Kilo wiegen, dann haben sie noch einen Ringelschwanz. Und der Ringelschwanz ist praktisch das Markenzeichen vom Strohschwein. Außerdem bewirtschaften wir 75 Hektar Land einschließlich Wiesen, die wir zu Heu und Silage machen. Beides bekommen die Schweine. Auf dem Acker haben wir auch nur das, was wir im Stall brauchen: Wintergerste, Sommergerste, Weizen und Erbsen. Zusätzlich bewirtschaften wir 25 Hektar Wald. Mein großer Sohn und ich machen außerdem etwas Fischaufzucht in den Teichen und gehen auf die Jagd – und was wir erlegen, kommt bei uns auch in die Gastwirtschaft.

Dabei haben sich meine Wurzeln zur Landwirtschaft erst später entwickelt: Meine Eltern hatten einen ganz altmodischen Hof mit 20 Kühen sowie Nachzucht und 20 Schweinen – in unserer Region sind wir überhaupt ganz klein strukturiert. Aber weil der Hof so alt war, mit alten Maschinen und einem ganz alten Kuhstall, hatte mir das Ganze erst gar nicht zugesagt. Trotzdem habe ich dann als jüngster Sohn den Hof übernommen, aber nicht weil ich es wollte, sondern weil ich es musste. Ich habe den Hof ab 1996 zunächst im Nebenerwerb weitergeführt. Tatsächlich war ich zu der Zeit hauptberuflich Kfz-Mechaniker im öffentlichen Dienst und habe zum Schluss als Kfz-Meister gearbeitet.

Ein Jahr zuvor hatten meine Eltern mit der Milchwirtschaft aufgehört. Die Schweine aber sind geblieben, die wir übrigens schon immer auf Stroh gehalten haben: Denn der Schweinestall befand sich zunächst noch auf unserem Hof mitten in der Ortschaft, und Stroh bindet Emissionen. Es roch also nicht so arg, als wenn es einen Spaltenboden gegeben hätte. Mittlerweile haben wir allerdings unseren Frischluftstall außerhalb der Ortschaft gebaut. Auf der Hofstelle selbst sind nur noch die Ferkel. Jedenfalls sind wir am Anfang ziemlich belächelt worden: Zum einen, weil wir uns ausschließlich auf Schweinehaltung konzentriert haben und zum anderen wegen der Haltung auf Stroh.

Die Kooperation mit einem Metzger brachte für uns dann eine sehr wichtige und gute Wendung. Und 2015 kam meine Frau – sie ist gelernte Bäckerin – auf die Idee, auf dem Hof zusätzlich ein kleines Café zu eröffnen. Wir haben dann gleich größer gebaut und tatsächlich ist daraus später ein richtiges Wirtshaus geworden. Gleichzeitig ist auch die Landwirtschaft bei uns immer mehr gewachsen, sodass meine Frau und ich uns 2018 dazu entschlossen haben, unsere anderweitigen Jobs an den Nagel zu hängen und uns als Landwirte komplett selbstständig zu machen. Meine Festanstellung aufzugeben, war natürlich ein riesengroßer Schritt, denn ich hatte gut verdient und war sehr gut abgesichert.

Mittlerweile sind wir ein florierendes Wirtshaus mit Fleischgerichten aus eigener Produktion, mit Biergarten und Ferienwohnungen. Überhaupt sind wir mit unserem Betrieb eine Art Vorzeigeprojekt geworden, denn auch unseren Strohschweinen geht es sehr gut. Zwischenzeitlich ist auch noch ein zweiter Metzger dazugekommen, der unser Fleisch abnimmt. Von den Metzgereien kommen die Kunden direkt zu uns, um die Schweine zu erleben – und wer einmal bei uns auf dem Hof war, der kommt auch gerne wieder zu uns ins Gasthaus.

Aus einer alten Hofstelle wurde ein florierender Betrieb mit Restaurant und Fremdenzimmern. Ein neuer Stall wurde außerhalb des Dorfes gebaut.

„Was fehlt, ist Ruhe zu bewahren."

Manchmal entsteht der Eindruck, dass diejenigen, die für uns Gesetze machen und umsetzen, in der Landwirtschaft nie tätig waren und eigentlich keine Ahnung haben. Und es scheint, als habe die Politik die Verbindung zur Landwirtschaft regelrecht verloren.

Strohschweinhalter Rainer

Die ganzen Bestimmungen und Regelungen, die uns als Landwirte betreffen, die stressen mich schon – dieses Korsett, in das wir gedrängt werden, ist so eng geschnürt, dass es uns zu schaffen macht! Diese Fülle an Vorschriften, die eingehalten werden müssen – und dabei geht es häufig um Auflagen, die nicht für jeden Betrieb passen.

Milchbauer Michael

Foto: © DBV

Extreme Regulierung und politische Bevormundung haben auch 2024 zu massiven Protesten der Landwirte geführt. Der geplante Wegfall von Subventionen brachte das Fass zum Überlaufen.

Vor allem stört mich die Schnelllebigkeit und politische Inszenierung: Da kocht plötzlich ein Thema hoch, wird massiv debattiert und in die Breite getragen. Die Gesellschaft springt darauf an. Es werden wilde Gesetze gemacht. Kurze Zeit später ist dieses Thema jedoch tot, als wäre es nie da gewesen. Was fehlt, ist Ruhe zu bewahren und etwa eine gründliche Studie zu machen. Stattdessen werden schnell irgendwelche Gesetze zusammengeschustert.

Ackerbäuerin Christa-Maria

Die politischen Vorgaben werden gefühlt wirklich alle zwei Jahre geändert oder erneuert. Mal geht es um die EU-Richtlinien wegen der Prämie, dann wieder um die Düngeverordnung. Und solange solche Dinge nicht klipp und klar gesetzlich verankert sind, sondern noch diskutiert werden, horcht man bei jeder Schlagzeile auf und fragt sich: Wie soll das denn jetzt wieder gehen?!

Kartoffelbauer Jürgen

Bei den Höfen mit Tierhaltung gibt es immer wieder das Problem, dass große moderne Ställe gebaut werden, mit allem, was sich die Tiere wünschen. Nach zwei Jahren ist dieser Stall aber mit einem Mal nicht mehr konform mit dem, was politisch gerade vorgeschrieben wird. Und dass solch ein Landwirt dann verzweifelt, kann ich sehr gut nachvollziehen.

Ackerbäuerin Christa-Maria

Über Nacht werden etwa Richtlinien aufgestellt, dass die Bullenkälber erst 14 Tage später transportiert werden dürfen – was uns natürlich keiner vergütet. Die Landwirte bleiben auf den Kosten sitzen. Und das für Ideale, die wissenschaftlich noch nicht mal sinnvoll sind, sondern aus reiner Gefühlsbetontheit umgesetzt werden sollen.

Milchbäuerin Katharina

Es gibt positive Aspekte in der Agrarpolitik. Jedoch sehe ich auch viele Punkte kritisch. Die Umstellung auf die neue Agrarpolitik war eine Herausforderung für unseren Betrieb. Wir haben unsere Anbaumethoden angepasst und zum Beispiel die Ackerbohne in unsere Fruchtfolge aufgenommen. Anfangs war es schwierig, da viele Details unklar waren und wir uns durch Fortbildungen kämpfen mussten. Jeder Betrieb ist einzigartig, mit verschiedenen Böden und Gegebenheiten, was die Suche nach dem richtigen Weg für unseren Betrieb zusätzlich erschwerte. Vieles änderte sich im Laufe der Zeit und war schwer nachvollziehbar.

Kohlbauer und Weidetierhalter Peter

„Man müsste sich doch frei entscheiden können!“

Wir haben auch einen kleinen Zweig Öko. Da darf ich erst ab einem bestimmten Datum das Heu machen – und das sind Dinge, die kann man nicht nachvollziehen. Das widerspricht einfach der guten Praxis. Dann hat man eine Bienenweide und bekommt dafür wieder vorgeschriebene Zeiten zum Eindrillen. Dort wachsen dann nur Brennnesseln und Disteln. Es darf aber nur zu einem bestimmten Datum gemäht werden. So etwas macht mich total verrückt: Man müsste sich doch frei entscheiden können, wann man was macht! Es heißt doch auch freie Marktwirtschaft. Aber wir Landwirte sind nicht frei. Wir sind immer an irgendwelche Vorschriften gebunden, auch bei den Pflanzenschutzmitteln. Wir bringen doch nichts auf den Acker, was nicht gut ist. Es heißt ja auch Pflanzen-SCHUTZmittel, weil es zum Wohl der Pflanzen ist. Und wenn wir wissen, dass im Raps die Bienen fliegen, dann spritzen wir nur nachts. Aber wenn man nachts spritzt, ist man schon wieder verdächtig, so nach dem Motto: Was macht der nachts auf dem Acker? Dabei versuchen wir doch immer, im Einklang mit der Natur zu arbeiten.

Ackerbäuerin Christa-Maria

Allein diese Verordnung zum Ausbringen von Wirtschaftsdünger auf gefrorenem Boden: Auf tiefgefrorenen Flächen ist die Bestimmung in Ordnung, da kann man auch nicht düngen. Mache ich das aber zum Beispiel am Morgen bei leichtem Frost, wenn der Boden nur ein, zwei Zentimeter gefroren ist, ist es wunderbar, die Stickstoffgabe auszubringen. Später nämlich, wenn die Sonne herauskommt, taut der Boden auf, und es gibt Matsch. Aber man darf die früheren Morgenstunden bei leichtem Frost nicht ausnutzen. Das ist generell verboten. Das sind Verordnungen, die hirnrissig sind!

Altenteiler Helmut

Bei der Düngeverordnung achtet man sowieso nicht mehr auf die Sinnhaftigkeit; man schaut nicht auf den kompletten Kreislauf. Politische Entscheidungen basieren häufig nicht auf Fakten. Sie werden aus dem Gefühl oder einer ideologischen Haltung heraus getroffen, aber es wird nicht an die Folgen gedacht.

Milchbäuerin Katharina

Die Politik macht manchmal jedenfalls Gesetze, bei denen man nur noch mit dem Kopf schütteln kann, weil sie gar nicht umzusetzen sind. Da soll man in Technik investieren, die schnell mal hunderttausend Euro kosten kann. Das ist Wahnsinn! Da sitzt man da und überlegt: Wie machen wir das? Wie können wir das überhaupt machen? Brauchen wir eine Maschinengemeinschaft, oder wie soll das gehen? Es ist schlimm, wie die Politik zum Thema Landwirtschaft Gesetze über unsere Köpfe hinweg macht. Landwirte sollten da mitgenommen werden und ihre Meinung äußern dürfen. Oft genug haben wir den Eindruck, dass für uns Gesetze gemacht werden von Leuten, die keine Ahnung haben.

Strohschweinhalter Rainer

Ich bin auch kein Freund von dieser Förderpolitik, die seit Jahren gemacht wird. Am meisten stören mich diese Sonntagsreden nach dem Motto „Wir wollen die kleinen Landwirte stärken", weil die meisten Förderungen nur für größere und Großbetriebe ausgelegt sind. Bei Investitionen müssen oft mindestens 50.000 Euro durch den Betrieb selbst eingebracht werden, damit man überhaupt einen Anspruch auf Förderung hat. Wir wollen zum Beispiel ein neues Geflügelschlachthaus bauen. Wenn man es bauen lässt, dann kommt man auch locker auf diese Summe. Aber wenn viel in Eigenleistung erbracht werden würde, wie bei uns, dann liegt man vielleicht bei Kosten von höchstens 30.000 Euro – und dafür gibt es keine Förderung. Insofern würde ich mich freuen, wenn mehr auf Kleinstbetriebe geachtet wird. Es heißt zwar immer, die kleinen Betriebe wären das Rückgrat der Landwirtschaft. Tatsächlich hat die Politik für die kleinen Betriebe aber nicht viel übrig.

Geflügelbauer Sven

„Entscheidungen am Schreibtisch ohne Praxisbezug machen mich wütend!"

Manchmal hat man schon Wut auf die Politik. Ich denke oft: „Kommt doch mal her und redet mit uns. Am besten arbeitet Ihr auch mal eine ganze Woche mit, damit Ihr die Arbeit wirklich kennenlernt." Diese Entscheidungen am Schreibtisch ohne Praxisbezug machen mich einfach wütend! Man kann diese Wut zwar in Demonstrationen oder in Briefen an das Ministerium zum Ausdruck bringen. Aber da hat man dann Angst davor, dass daraufhin neue Kontrollen oder Sanktionen kommen. Man ist schon sehr vorsichtig, wenn man

Alle vier Jahre wird im Bundestag der „Agrarpolitische Bericht" vorgestellt. Er informiert über die Lage der Landwirtschaft und der ländlichen Räume sowie über die aktuelle Politik der Bundesregierung.

sich äußert. Diese Wut lasse ich in Gesprächen mit meinem Mann raus oder im Freundeskreis. Aber Wut muss man auch im Zaum halten, sie nicht eskalieren lassen. Dennoch finde ich es ganz wichtig, sie verständlich zu machen.

Ackerbäuerin Christa-Maria

Das ist überhaupt ein grundlegendes Thema, an dem auch die Politik beteiligt ist: Die Landwirtschaft hat keinen Wert mehr. Und wir spüren das ständig. Mein Schwager lebt in der Schweiz, wo die Landwirtschaft einen ganz anderen beziehungsweise einen sehr hohen Wert hat. Dass die Gesellschaft sich in ihrer Haltung gegenüber Natur- und Tierschutz verändert hat und die Politik darauf reagieren muss, ist klar – aber bitte mit Maß und Ziel! Die Politik ist momentan sehr schnell mit Gesetzen, die man kaum nachvollziehen kann. So etwas gab es früher nicht. Dem Landwirt muss doch die Möglichkeit gegeben werden, die Maßnahmen umzusetzen und sie auch finanziell zu stemmen! Es heißt immer, die kleinbäuerliche Landwirtschaft soll gefördert werden. Tatsächlich kommt es einem doch so vor, als wenn sie uns gar nicht mehr wollen.

Strohschweinhalter Rainer

Von der Politik habe ich mich als Landwirt in den letzten Jahren nicht gut vertreten gefühlt. Vor allem das Landwirtschaftsministerium ist in den meisten Bundesländern zu einer Spielwiese ideologischer Konzepte geworden, ohne dass hinterfragt wird, ob die Sinn machen oder nicht. So läuft das – und mehr braucht man dazu nicht zu sagen. Ich bewundere die Landwirte von heute, die da durchgehen. Gleichzeitig bedauere ich sie.

Altenteiler Helmut

Ich möchte nicht ständig über die Politik als Landwirt jammern, aber ich empfinde die aktuelle Ausrichtung nicht als richtig. Es scheint, als ob es entweder um Bio oder um Extensivierung geht – während die konventionelle Landwirtschaft, die meiner Meinung nach wirklich gut ist, ebenso wie die Tierhaltung abgeschafft werden soll. Dies ist etwas, was ich überhaupt nicht nachvollziehen kann. Man fragt sich manchmal auch, wer diese Entscheidungen trifft. Sind es Leute, die nur sechs Wochen Pflichtpraktikum auf einem Betrieb absolviert haben und danach nie wieder auf einem Hof waren? Es scheint, als ob die Landwirte selbst bei diesen Entscheidungen nicht einbezogen werden. Trotz dieser Herausforderungen müssen wir mit den Entscheidungen leben, da sie uns von oben auferlegt werden. Es ist wichtig, dass wir als Landwirte eine Stimme haben und gehört werden.

Kohlbauer und Weidetierhalter Peter

Mich belastet die politische Unsicherheit. Diese gefühlsbetonte statt wissenschaftsbasierte Politik, die auf Kosten der Landwirte geht, stört mich sehr. Ich dachte, in der Politik gibt es mal frischen Wind, aber leider ist der Wind ziemlich schnell abgeflaut. Von der Planungssicherheit der Landwirte ist keine Spur mehr übrig – eher im Gegenteil: Es wird immer weiter reglementiert, Bedingungen für Fördergelder werden erschwert und es ist keine Fahrtrichtung zu finden. Insofern bin ich von der Politik der letzten Jahre tief enttäuscht.

Milchbäuerin Katharina

Foto: © Matthiesen&Wilk

Immer wieder befürchtet und vorhergesagt: der Tod der bäuerlichen Landwirtschaft, hervorgerufen durch falsche politische Entscheidungen.

Es besteht ein Grundproblem, glaube ich. Letztes Jahr waren meine Frau und ich in Brüssel. Unter anderem haben wir das Europaparlament besucht, was einem ein total tolles Gefühl gibt. Die vielen Leute aus verschiedenen Ländern und diese ganzen Flaggen, mich hat es jedenfalls berührt. Dann geht man in den Plenarsaal hinein, wo die ganzen Europaabgeordneten sitzen. Eine gemeinsame Agrarpolitik zu machen, ist zwar eine nette Idee, aber davon sollte man wieder etwas Abstand gewinnen: Die Länder sind eben sehr verschieden, haben unterschiedlichste Strukturen – und das wird nicht genug berücksichtigt. Bei manchen Gesetzen denke ich mir: „Wenn ihr das jetzt von mir verlangt, dann müsst ihr mir auch ein genormtes Wetter geben! Nur so kann ich sicher sein, dass am 06. Juni 2025 um 14 Uhr die Sonne scheint und wir 23 Grad haben." Das Wetter lässt sich aber nicht verordnen.

Biobauer Armin

Ich habe schon mit mehreren Politikern ganz gute Gespräche geführt und dachte eigentlich, sie haben begriffen, was Landwirte brauchen. Aber selten ist eine Handlung daraus entstanden. Das ist etwas, was mich fuchsig macht – dass man zunächst Zuspruch erhält, tatsächlich aber nichts nachkommt. Ich weiß aber nicht, ob man die Politik dafür verantwortlich machen kann oder vielmehr das System, in dem politische Entscheidungen getroffen werden müssen. Ich kann mir einen guten Willen bei vielen Politikern vorstellen, aber wie sollen sie denn als Einzelne dazu beitragen, uns Landwirten das Leben leichter zu machen, wenn das System einfach so verkorkst ist? Außerdem gibt es so viele andere Bereiche, die auch alle finanziert werden müssen. Insofern finde ich es schwierig, der Politik den „Schwarzen Peter" zuzuschieben.

Biobauer Felix

Wenn ich an die Betriebe hier in unserer Region denke, stöhnen schon viele und möchten am liebsten aufhören – vor allem, wenn die Bauern kurz vor dem Rentenalter stehen. Da ist eine große Unlust und Müdigkeit zu spüren. Und das ist etwas, was ich neuerdings sehr oft wahrnehme. Ältere Landwirte sind teilweise wirklich sehr frustriert, das man merkt man schon. Viele sind froh, dass sie bald in Rente gehen können und sich nicht mehr mit neuen Auflagen und Bestimmungen auseinandersetzen müssen. Das erschüttert mich schon, denn als Landwirt ist man mit seinem Hof ja eigentlich das ganze Leben lang verwurzelt.

Ackerbäuerin Christa-Maria

Auf einer Geburtstagsfeier unter Kollegen habe ich spaßeshalber mal gefragt: „Wann hat Euch Euer Job zum letzten Mal so richtig Spaß gemacht?"
Und dann kam als Antwort: „So in den

1990er-Jahren." Und ich habe gefragt: „Was? Ihr habt seitdem also 30 Jahre gewirtschaftet – und das hat keinen Spaß gemacht? Das kann ja wohl nicht ganz richtig sein!" Aber ich sehe natürlich auch, dass damals etliches einfacher war als heute – und vermutlich auch unbeschwerter.

Kartoffelbauer Jürgen

Die gemeinsame Agrarpolitik (GAP) der EU wurde bereits 1962 eingeführt. Sie soll die Landwirtinnen und Landwirte unterstützen und Europas Nahrungsmittelversorgung gewährleisten.

Foto: © Michel Christen 2024 – European Union

Foto: © Privatfoto Christa-Maria

Erst waren alle skeptisch, ob ich das hinbekomme. Mittlerweile bin ich längst akzeptiert.

Christa-Maria (* 1973) aus Mecklenburg-Vorpommern
Ackerbäuerin und Quereinsteigerin

Natürlich hat Christa-Maria auch einen T-Schein. Für die ehemalige Dozentin ist Feldarbeit mit der schweren Maschine zu einer Selbstverständlichkeit geworden.

Wir bewirtschaften insgesamt rund 1.800 Hektar Acker. Das sind sowohl Eigentumsflächen als auch gepachtete Flächen. Bis heute arbeiten wir konventionell. Wir bauen Weizen, Gerste, Raps, Zuckerrüben und Silomais an, denn wir haben auch eine Biogasanlage. Unsere Produkte vertreiben wir über den Handel, schließen Kontrakte für das ganze Jahr und haben verschiedene Kooperationen mit Großhändlern und einer Zuckerrübenfabrik.

Geboren bin ich in Nordrhein-Westfalen. Meine Eltern hatten dort im Nebenerwerb immer einen kleinen Hof. Ich bin also mit Landwirtschaft aufgewachsen. Wir haben Kälber aufgezogen, die wir als Rinder wieder verkauft haben. Außerdem haben wir Pferde gezüchtet und Ackerbau auf westfälischem Niveau betrieben, also auf ein paar Hektar. Mein Vater war Architekt und Ingenieur und beruflich viel unterwegs. Also haben in erster Linie meine Mutter und ich den Hof bewirtschaftet. Nach dem Abitur habe ich aber erst mal Jura, Politik und Geschichte studiert. Anschließend war ich in Stuttgart und später in Karlsruhe als Politik-Dozentin tätig, was mir sehr viel Freude gemacht hat. Dann war mein Vater Anfang der 1990er-Jahre eine Zeit lang in Ostdeutschland für die Treuhand aktiv und bekam die Aufgabe, einen landwirtschaftlichen Betrieb in Mecklenburg-Vorpommern zu liquidieren. Dadurch haben wir die ostdeutsche Region etwas kennengelernt und festgestellt, wie wunderschön sie ist. Gleichzeitig kam die Idee auf, diesen Hof zu erhalten und durch den bisherigen Betriebsleiter und das angestammte Personal weiterleben zu lassen. Meine Eltern sind also 1991 nach Mecklenburg-Vorpommern auf den Hof gezogen, während ich meine eigene akademische Karriere erst mal noch weitergeführt habe.

Als dann aber der Betriebsleiter den Hof nicht mehr weiterführen konnte, habe ich mich dazu entschlossen, meine Dozentenstelle in Karlsruhe zu reduzieren und zwei Tage pro Woche auf dem Hof mitzuarbeiten. Ich habe mit meinen Eltern vereinbart, dass ich die Arbeit erst mal kennenlerne, um dann zu entscheiden, ob ich für den Hofbetrieb überhaupt geeignet bin. Das war 2012. So ging das knapp ein Jahr lang, was natürlich ein wahnsinniges Arbeitsaufkommen bedeutete! Aber ich habe schon nach drei Wochen festgestellt, dass es eigentlich genau das ist, was mir Spaß macht. Als Wissenschaftlerin bin ich ein sehr strukturierter und organisierter Mensch und habe gemerkt, dass die Arbeit mir einfach liegt. Meine Eltern haben allerdings nie Druck ausgeübt. Es war meine freie Entscheidung, den Hof zu managen.

Ich musste natürlich vieles lernen. Beispielsweise musste ich die Schlepper und Anbaugeräte kennenlernen, die wir früher im Westen nicht hatten; ich musste mich mit Anbaumethoden und Fruchtfolgen beschäftigen und überhaupt die ganzen Abläufe auf dem Betrieb verstehen. Eine landwirtschaftliche Ausbildung hatte ich ja nicht, aber ich lese viel und schnell und habe zwischenzeitlich an verschiedenen Fortbildungen teilgenommen. Natürlich bin ich auch auf den Feldern herumgefahren und habe geschaut, welche Bodenprobleme oder Besonderheiten es gibt. Gleichzeitig wollte ich das Personal genauer kennenlernen mit seinen jeweiligen Stärken und Schwächen. Ich wollte die Menschen wahrnehmen, die dahinterstehen. Das war mir ganz wichtig. Natürlich waren alle erst etwas skeptisch, ob ich das so hinbekomme, aber mittlerweile bin ich längst von allen Mitarbeitern akzeptiert.

Foto: © Privatfoto Christa-Maria

Unschwer zu erkennen: Der Hof von Christa-Maria ist eine ehemalige LPG und inzwischen mit einer modernen Biogasanlage ausgestattet.

„Das ist eine Art von Überregulierung, die sich abgekoppelt hat von der Realität."

Die Bürokratie wird natürlich immer mehr – aber ich möchte jetzt nicht behaupten, dass das nur die Landwirte betrifft. Auch in anderen Branchen gibt es eine enorme Dokumentationspflicht. Natürlich ist das nervig und man kann sich darüber aufregen, aber man kann es sich auch einfach machen und spart sich damit Energie, die man dann für etwas anderes einsetzen kann.

Geflügelbauer Sven

In gewisser Weise fühlt man sich als Landwirt von der Bürokratie gegängelt: Immer heißt es, die kleinbäuerliche Landwirtschaft – und dazu zähle ich uns auch noch – soll unterstützt werden. Tatsächlich aber wird die Bürokratie jedes Jahr mehr. Manches kann ich ja auch verstehen, aber einige Dinge sind einfach nicht mehr nachvollziehbar.

Strohschweinhalter Rainer

Bei einigen Anträgen geht es um Geld, andere Dinge sind eher Bestandsaufnahmen von den Tieren. Außerdem muss ich die Ackerschlagdatei pflegen, die Düngeplanung und Stoffstrombilanz machen, die Medikamentendokumentation erstellen und die Tiere anmelden und registrieren. Besonders schlimm sind das Mark-Stammdaten-Register und der ELAN-Antrag. Dabei hilft mir mein Vater noch, weil ich mich in manches tiefer einarbeiten muss.

Milchbäuerin Katharina

Wir haben für die Molkerei EU-Zulassungen beantragt und auch bekommen. In der Bewilligung stand, dass dem Betreiber – also uns – nicht nachgewiesen werden konnte, dass er etwas falsch gemacht hat. Eine doppelte Verneinung also, bei der man sich denkt: Warum steht denn nicht einfach drin, dass der Betreiber alles richtig macht? So bekommt man den Eindruck, dass einem unterschwellig schon wieder etwas unterstellt wird. Und wir verstehen einfach nicht, warum das so ist. Warum erhält man als Landwirt so wenig Wertschätzung?

Milchbauer Michael

Bis vor ein paar Jahren hatten Biobauern weniger Auflagen als die konventionellen Landwirte. Da musste ich bei diesem Antrag nur das Kreuz bei „ökologischer Landbau" machen, meine Flächen angeben und das war es. Die ganzen 50 Seiten danach konnte ich

Foto: © Privatfoto Sven

Auch wie ein Huhn wohnen darf, ist geregelt: Das Baurecht für mobile Hühnerställe wurde zwar vereinfacht, aber nicht einheitlich geregelt. Über Besonderheiten von Mobilställen muss sich deshalb jeder Geflügelbauer genauestens in der Landesbauordnung informieren.

wegschmeißen, denn mit vielen Sachen, die sich auf Dünger und Pflanzenschutz bezogen, hatten wir gar nichts zu tun. Aber das hat sich geändert, die Verordnungen sind immer komplizierter und mehr geworden. Ich fühle mich davon schon gegängelt. Und habe das Gefühl, dass das Ganze eine Eigendynamik annimmt. Mittlerweile beantrage ich vielleicht noch 60, 70 Prozent von dem, was ich eigentlich beantragen könnte. Ich beantrage nur noch nach dem Kriterium, was mein tägliches Tun am wenigsten beeinträchtigt. Ansonsten würde ich einfach zu vielen Bestimmungen und Reglements unterworfen sein – und das geht mir zu weit! Und diese 60, 70 Prozent, die ich jetzt beantrage, beeinträchtigen mich in meiner Gelassenheit, die ich mittlerweile habe, nicht so stark.

Biobauer Armin

Ich muss beispielsweise für jeden Stall und jede Tierart ein sogenanntes Stallbuch schreiben. Mittlerweile haben wir sieben Ställe. Bei den Legehennen muss ich da zum Beispiel notieren, wie viele Eier pro Tag anfallen, ob etwas Außergewöhnliches passiert ist, ob Tiere verendet sind – und wenn ja, wie. Das sind Vordrucke, die ich jeden Tag ausfülle – aber das hat auch Vorteile, zum Beispiel mit der täglichen Eiermenge, über die ich dann selbst einen besseren Überblick erhalte. Insgesamt denke ich, dass es sicherlich für jede Dokumentationspflicht einen Grund gibt – ob der immer einleuchtet, bleibt eine andere Frage.

Geflügelbauer Sven

Was zu beobachten ist: Es wird alles immer nur vom Schreibtisch aus begutachtet. Ein Beispiel: Im Jahr 2020 haben wir unseren Kuhstall umgebaut. Wir hatten einen Teilabriss vom alten Kuhstall, wo neu angebaut werden sollte. In der Zwischenzeit mussten unsere Kühe enger zusammenstehen. Insofern haben wir auch darauf geachtet, dass der Umbau schnell vonstattengeht. Und genau in dieser Zeit hatten wir vor Ort eine Kontrolle, und dann waren die Kuhplätze beziehungsweise die Liegeplätze nicht so gegeben, wie sie eigentlich hätten sein müssen. Obwohl vorher alles kommuniziert war, gab es sofort wieder Probleme. Da habe ich dann vor Ort gesagt: „Gut, wir gehen jetzt in den Kuhstall und holen die drei Kühe heraus, die da jetzt zu viel sind, und schlachten sie." Da sagte der betreffende Beamte: „Na ja, so kann man das jetzt nicht sehen." Worauf ich erwiderte: „Doch, genau so muss man es sehen, denn Ihre Entscheidung vom Schreibtisch aus bedeutet genau das." Da bin ich dann etwas lauter geworden. Manchmal muss man sich einfach zur Wehr setzen, das geht gar nicht anders.

Milchbauer Michael

Da sitzen irgendwo irgendwelche Leute, vielleicht auch studierte Agrarmenschen, IT-ler oder Ähnliches, die

Frei und unabhängig sind die Landwirte schon lange nicht mehr: Verordnungen und Gesetze bestimmen ihren Alltag. Auf das Gespür und die Erfahrung eines Bauern wird immer weniger Wert gelegt.

die ganze digitale Dokumentation auf ein gewisses Level gehoben und jetzt so ein richtig schönes Spielfeld vor sich haben. Aber dadurch verlieren sie immer mehr die Bodenhaftung und die Verbindung zu den Bauern. Nehmen wir zum Beispiel dieses digitale Flurstücksverzeichnis: Darin kann man wunderbar die ganzen eigenen Felder sehen, auch per Luftbild. Ich hab das mal aufgemacht. Da erkennt man nichts mehr. Das eine ist rechts-, das andere längsschraffiert. Das eine ist gelb, das andere orange, das dritte rot und das vierte blau unterlegt. Da gibt es eine Wasserschutz-, eine Erosions- und eine Landschaftsschutzkulisse. Vor lauter Kulissen sieht man den eigenen Acker nicht mehr. Das ist eine Art von Überregulierung, die sich abgekoppelt hat von der Realität.

Biobauer Armin

„Viele Sachen werden doppelt und dreifach kontrolliert.“

Wenn ich Schweine verkaufen will, muss ich mich qualifizieren lassen. Qualifikation heißt ja, dass ich meinen Betrieb auditieren lassen muss, sprich mein Hof wird kontrolliert. Momentan ist es so, dass wir sechs Kontrollen in zwei Jahren haben, die vorgeschrieben sind. Da geht es um die sogenannten „QS“-Standards, Qualität und Sicherheit. Und das sind ganz viele Kontrollen mit sehr viel Bürokratie: Man ist vielleicht maximal eine halbe Stunde im Schweinestall, aber am PC sitzt man einen ganzen Vormittag zusammen. Das ist das eine. Das andere sind die ganzen Anträge und Nachweise, die man beibringen muss. Es muss ja alles Mögliche nachgewiesen und dokumentiert werden, ob es um Spritzmittel oder Düngemittel geht – und das jeden Tag. Dann haben wir unangemeldet Kontrollen vom Landwirtschaftsamt, dann wieder unangemeldete Kontrollen vom Veterinäramt. Das war früher deutlich weniger. Meine Eltern haben im Winter einen Antrag gestellt und das wars. Dann hatten sie das ganze Jahr Ruhe. Mein Vater hatte dementsprechend einen kleinen Schreibtisch mit zwei Ordnern für seine Landwirtschaft.

Strohschweinhalter Rainer

Wir betreiben auch Qualitätssicherung auf unserem Hof. Da kommen die Kontrolleure einmal im Jahr und überprüfen uns. Dafür wird dann alles auf den Tisch gelegt: Welches Saatgut ist auf welche Fläche gepflanzt worden? Mit welchem Dünger und welchem Pflanzenschutz ist behandelt worden? Wie viel wurde beregnet? Wer hat wann dort gerodet? Wie viel Erntemenge ist da rausgekommen? Was war als Abfall drin? Und dann wird kontrolliert, wie wir dokumentiert haben. Anhand von Lieferscheinen wird geschaut, ob das alles seine Richtigkeit hatte – was im Endeffekt auch nicht schlimm ist. Im Grunde ist es ja gut, dass kontrolliert wird. Schließlich gibt es immer wieder auch schwarze Schafe. Nichtsdestotrotz werden viele Sachen doppelt und dreifach kontrolliert. Viele Dinge, die über QS kontrolliert werden, werden noch mal über die EU-Flächenprämien kontrolliert. Und zusätzlich kommen dann auch noch mal Kontrollen vom Landkreis, sozusagen zum dritten Mal. Da frage ich mich natürlich schon, ob das so unbedingt nötig ist. Insgesamt kann ich ja nur 18 Jahre zurückschauen, was die Bürokratie angeht. Ich weiß aber, dass das, was mein Vater gemacht hat, weniger Aufwand war. Das ist mit anwachsender Betriebsgröße deutlich gestiegen.

Kartoffelbauer Jürgen

Wir unterliegen regelmäßigen Kontrollen durch das Landesamt, da wir staatliche Subventionen erhalten. Das ist völlig in Ordnung. Inzwischen hat auch die Technik ihren Platz in diesem Prozess gefunden, und wir werden nun mit Drohnen überprüft. Grundsätzlich ist das auch in Ordnung, aber ich bin skeptisch, wenn es darum geht, dass Drohnen über unsere Herden fliegen. Meiner Meinung nach haben Drohnen nichts über großen Tiergruppen zu suchen. Neben der Zählung wurden auch andere Aspekte überprüft wie die Verfügbarkeit von frischem Wasser, ausreichend Schattenplätze und die Einzäunung der Weiden. All diese Details können jedoch nicht ordnungsgemäß überprüft werden, wenn die Drohne ausreichenden Abstand zu den Tieren hält.

Kohlbauer und Weidetierhalter Peter

Dann kommen sie vom Amt und messen nach, ob beim Düngen auch der Abstand zum Bächlein eingehalten wird. Oder es kommt jemand vorbei, der angerufen worden ist, weil man im Frühjahr angeblich Gülle auf wassergesättigte Böden gefahren hat – nur um festzustellen, dass dem nicht so ist.

Altenteiler Helmut

Wir hatten in einem Jahr vom 1. September bis zum 20. Oktober mal vier Kontrollen. Also, ich bekomme manchmal das Gefühl, ich würde für die halbe Welt produzieren. Alles wird über einen Kamm geschoren. Ein Dorfschlachthaus muss die gleichen Maßstäbe erfüllen wie ein EU-Schlachthof – das ist alles so irrwitzig!

Biobauer Armin

Wenn Kontrollen sind, dann sitzen die Leute hier vier, fünf Stunden, unangemeldet – und dann bekommt man am Ende des Monats noch eine dicke Rechnung über 1.000 Euro für die Kontrolle. Das ärgert mich sehr. Auch dass sie

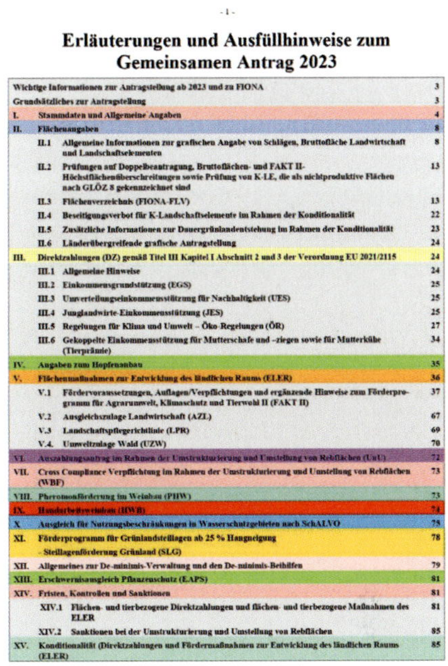

- 1 -

Erläuterungen und Ausfüllhinweise zum Gemeinsamen Antrag 2023

Foto: © MLR

Für Laien ein einziger Bürokratie-Dschungel: die Anträge auf Unterstützung landwirtschaftlicher Betriebe. Denn Fördertöpfe und -programme gibt es viele – von der Europäischen Union ebenso wie vom Bund und den einzelnen Ländern.

einem nichts glauben. Sie könnten auch sagen: „Schickt mal eben die Dokumentation zu uns herüber.“ Stattdessen kommen sie mit drei Autos angefahren und bringen noch vier Praktikanten mit. Dass man da gleich so angezählt wird, das verwundert schon sehr.

Ackerbäuerin Christa-Maria

Überhaupt gibt es so viele Überprüfungen und geforderte Nachweise! Dieser ganze Kontrollwust ist mittlerweile so groß geworden, so komplex und kompliziert – das ist einfach viel zu viel. Mich wundert es gar nicht, dass immer mehr Landwirte verzweifeln. Und mich wundert es ebenso wenig, dass die Krankenkasse der Landwirte immer mehr Suizidprävention durchführt und Maßnahmen gegen mentale Krankheiten und psychische Belastungen ergreift. Denn immer mehr Landwirte können einfach nicht mehr. Ein normaler Mensch kann gar nicht alles leisten, was da gefordert wird. Und wenn das Ganze noch schlimmer wird, haben wir ein echtes Problem!

Milchbäuerin Katharina

„Leider bin ich manchmal mehr Bürofachfrau als Landwirtin."

Mich stresst diese Dummheit: Dass das, was auf dem Papier steht, wichtiger ist als das, was dabei hinten rauskommt. Wenn die Dokumentation von einem Produkt stimmt, dann kann das Produkt tatsächlich sein, wie es will. Und ich habe eigentlich einen anderen Ansatz: Ich finde, das Produkt muss perfekt sein. Ob nun die Uhrzeit im Dokument korrekt eingetragen ist oder ein Komma fehlt – das ist mir völlig egal. Allein der digitale Hauptantrag, den ein Landwirt stellt, um am Ende des Wirtschaftsjahres Förderung zu erhalten, wird von Jahr zu Jahr komplizierter, und es sind immer mehr Kriterien einzuhalten. Das hat mit wertschätzendem Umgang überhaupt nichts mehr zu tun. Ganz im Gegenteil: Ich habe das Gefühl, dass man es den Landwirten extra schwerer macht.

Milchbauer Michael

Ich bin auch stark digitalisiert und nutze verschiedene Programme, insbesondere die Ackerschlagdatei und die Dokumentationen für unsere Tiere. Die Digitalisierung erleichtert die Arbeit erheblich, da das Programm sofort Informationen liefert, wenn sie benötigt werden. Zum Beispiel kann ich schnell herausfinden, wie viel Pflanzenschutzmittel ich auftragen darf, ohne stundenlang recherchieren zu müssen. Das ist äußerst hilfreich und spart viel Zeit.

Kohlbauer und Weidetierhalter Peter

Leider bin ich manchmal mehr Bürofachfrau als Landwirtin. Das Einzige, was ich gut finde, ist die Möglichkeit, die Tiere digital in einer zentralen Datenbank melden zu können. Das macht ja auch Sinn. Daraus können wir für uns auch Dinge ableiten. Dass so etwas nicht mehr auf dem Papier stattfinden muss, ist wirklich gut. Dadurch, dass vieles digital vonstattengeht, fliegen einfach nicht mehr tausend Zettel herum und man muss nicht mehr so viel per Post wegschicken. Die meiste Korrespondenz läuft auch digital. Man erhält oder schreibt mal schnell eine Mail – das finde ich dann richtig nett.

Milchbäuerin Katharina

Meine Eltern begannen 1991 mit neun Aktenordnern – und mittlerweile haben wir vier Schränke, die nur für aktuelle Angelegenheiten genutzt werden.

Kohlbauer und Weidetierhalter Peter

Ich denke, wir brauchen Bürokratie für ein Zusammenleben, aber eben eine Bürokratie, die die Praxis unterstützt. Eine Bürokratie, die die Praxis behindert und stört, finde ich sehr schlecht.

Als Landwirt habe ich nur einen Chef – und der ist das Wetter. Das Wetter bestimmt, was ich morgen mache und was nicht. Wenn ich einen tollen Plan für morgen habe, es aber dann regnet, ist dieser Plan zunichte. Mittlerweile haben wir aber eine Bürokratie, die mich zwingt, nicht mehr jeden Morgen nach dem Wetter zu schauen, sondern welche Verordnung ich heute breche, wenn ich das mache, was ich heute machen muss. Wir haben ein selbstbestimmtes, am Wetter und den Jahreszeiten orientiertes Leben – und das verändert sich in ein Leben von Verordnungen, Unterdrückung und Abhängigkeit – sehr drastisch ausgedrückt. Und vor allem überkommt einen dann diese starke Ohnmacht. Man kann noch so viel demonstrieren oder Briefe an Abgeordnete schreiben – diese Ohnmacht, die ist heftig!

Biobauer Armin

Eine Schlagkartei begleitet den Landwirt durch das ganze Wirtschaftsjahr – von der Bodenbearbeitung über das Düngen und Drillen bis hin zur Ernte. Denn jeder Schritt muss erfasst und dokumentiert werden.

BLICK
NACH AUSSEN

Foto: © Matthiesen&Wilk

„Statt Wut empfinde ich eher Frustration.“

Landwirte sind Tierquäler, Klima-Verpester und so weiter – also, bei diesen Vorurteilen und Klischees komme ich nicht mehr mit! Sicherlich gibt es „schwarze Schafe“ wie in jedem anderen Bereich auch, aber wenn das so pauschalisiert wird, finde ich das nicht mehr in Ordnung. Wenn ein Landwirt mit einer Pflanzenschutzspritze unterwegs ist und dann als Giftsprüher beschimpft wird, ist das eine Diffamierung. Das bringt mich wirklich auf die Palme, da hört es für mich einfach auf!

Geflügelbauer Sven

Allein der Begriff „Massentierhaltung“ – was soll das eigentlich sein? Es gibt Leute, die unseren Hof besuchen und mich fragen, wie viele Schweine ich insgesamt habe. Hören sie dann, dass es rund 1.000 Tiere sind, ist das für viele schon „Massentierhaltung“. Aber das hat nichts damit zu tun! Wenn ich einem Schwein 100 Prozent mehr Platz gebe, zusätzlichen Auslauf, Heu, Stroh und alles Mögliche, dann kann ich 10.000 Schweine halten und habe keine „Massentierhaltung“. Solche Begriffe, die immerzu über die Medien verbreitet

Auf den Umzügen beim Erntedanktag machen die Landwirte deutlich, welche Klischees und Kritik sie sich immer wieder anhören müssen.

Foto: © Matthiesen&Wilk

werden, sind ein Riesenproblem. Der Endverbraucher hat sie dann dauernd im Hinterkopf, und plötzlich ist alles Massentierhaltung und damit schlecht. Das ist schlimm!

Strohschweinhalter Rainer

Ich halte eine Herde von 300 Bullen und mehr als 500 Schafe auf unseren Weiden. Hin und wieder stelle ich Leuten die Frage: „Bin ich damit ein Massentierhalter?“ Meistens lautet die Antwort: „Nein, denn die Tiere genießen die frische Luft und haben viel Platz.“ Es ist frustrierend zu sehen, wie der Begriff „Massentierhaltung“ immer wieder auftaucht, ohne dass ihn jemand wirklich klar definieren kann.

Kohlbauer und Weidetierhalter Peter

Zu uns kommen auch Schulklassen und fragen, ob das Massentierhaltung ist, was wir hier mit den Kühen machen. Da muss ich sehr an mich halten – gerade wenn ich sehe, wie die Tiere heutzutage bei uns gehalten werden in dem großen offenen Stall. Wenn ich daran denke, wie sie früher gehalten wurden, angebunden in kleinen engen, stickigen Ställen ohne jede frische Luft – das kann man sich heute gar nicht mehr vorstellen! Und dann wird die heutige Tierhaltung, die optimal ist mit Platz, Licht und Luft, in der Öffentlichkeit als Massentierhaltung verkauft.

Altenteiler Helmut

Auch Glyphosat war ja so ein öffentliches Dauerthema: Es wurde immer wieder gesagt, dass es als gesundheits-

Foto: © Landwirt schafft Leben GmbH

Nur wenn es den Tieren gut geht, kann ein Landwirt überleben. Deswegen steht das Tierwohl bei den Bauern ganz oben.

schädlich und sogar krebserregend gilt. Aber Glyphosat hat in den vergangenen Jahren trotzdem noch mal eine Zulassung bekommen. Da merkt man ja, dass es nur ums Geld geht.

Strohschweinhalter Rainer

Die meiste Kritik hagelt es aber beim Thema Tierhaltung. Typisches Thema: Warum werden die Kälber von den Müttern getrennt? Meistens wird sogar formuliert: Warum werden die Kinder von den Müttern getrennt? Da findet eine Vermenschlichung statt, die ich sehr schwierig finde. Wir haben es übrigens sogar ausprobiert und die Kälber länger bei den Müttern gelassen. Was ist das Ende vom Lied? Die Kälber sind kränker. Oder es heißt: „Na ja, ihr seid ja ein Biohof." Wenn ich dann sage: „Nein, wir sind kein Biobetrieb", wird sofort gefragt: „Warum nicht?!" Dann müssen wir das auch erst mal wieder gut erklären.

Milchbauer Michael

Statt Wut empfinde ich eher Frustration, wenn wieder mal ein Thema aus der Landwirtschaft medial wie eine Sau durchs Dorf getrieben wird – wo es dann um irgendetwas geht, was die Landwirte mal wieder nicht richtig machen. Das frustriert mich dann schon, allein weil ich mit den Kollegen fühle.

Kartoffelbauer Jürgen

Natürlich sind all diese Klischees und Vorwürfe eine gewisse Quelle der Frustration. Dabei sind wir nicht verletzt und fühlen uns auch nicht gedemütigt, eher könnten wir vor Wut ausrasten. Aber das machen wir zu Hause am Esstisch, nicht unbedingt in der Öffentlichkeit. Meine Eltern haben mir jedenfalls beigebracht: Wenn Du von etwas keine Ahnung hast, dann halte den Mund. Jedenfalls meinen viele Leute, Landwirtschaft sei quasi ein Gnadenhof für Tiere – aber wir leben davon! Das macht mich manchmal wahnsinnig.

Milchbauer Michael

Foto: © Privatfoto Jürgen

„Der dümmste Bauer erntet die dicksten Kartoffeln" – stimmt nicht! Landwirt ist ein Lehrberuf, dauert drei Jahre und beinhaltet Nutztierhaltung, Boden- sowie Maschinenkunde.

„Das Ganze ist definitiv auch ein mediales Problem!“

Mein größtes Unbehagen liegt vor allem im Bereich der sogenannten „Fake News“, die besonders von Menschen verbreitet werden, die von der Landwirtschaft keine Ahnung haben. Da werden Sachverhalte völlig aus dem Kontext gerissen. Ich muss dann immer wieder erklären, warum unsere Branche der Inbegriff der Nachhaltigkeit ist. Das nervt mich extrem, und es macht mich sehr unzufrieden, dass die Menschen nicht begreifen, wie wichtig unsere Branche für das ganze System ist.

Milchbäuerin Katharina

Mir kommt es so vor, als ob die Berichterstattung vor allem provokativ sein muss. Das betrifft auch Talkshows, in denen Menschen über Landwirtschaft herziehen, die überhaupt keine Ahnung haben. Für die Sender oder Zeitungen scheint nur interessant zu sein, wenn es möglichst provokant zugeht. Wenn man ganz normale Berichte über Landwirtschaft bringt, die zeigen, wie es wirklich ist, hört keiner zu. Über Skandale und Horrormeldungen wird dagegen tagelang berichtet. Nehmen wir zum Beispiel das fürchterliche Bild von der Kuh, die beim Verladen an einem Bein vom Schiff gehievt wird. Das war immer dasselbe Bild und konnte über Jahre gezeigt werden. Wie allerdings normale Tiertransporter hier bei uns ausgestattet sind, wird kaum gezeigt. Und es wird auch nicht darüber berichtet, dass Schlachthöfe fehlen. Von den drei Schlachthöfen, die wir im Umkreis von 50 Kilometern hatten, ist kein Einziger mehr in Betrieb. Unser Vieh wird jetzt also nach Baden-Württemberg gebracht oder was weiß ich wohin, weil hier weit und breit kein Schlachthof mehr ist. Wenn die noch vorhanden wären, müsste es auch keine Tiertransporte geben – aber darüber wird überhaupt nicht berichtet.

Altenteiler Helmut

Die Medien pushen überhaupt jede Begebenheit unglaublich hoch – und die Gesellschaft wird damit den ganzen Tag konfrontiert und hinterfragt gar nichts mehr. Sie nimmt das alles einfach kritiklos auf.

Ackerbäuerin Christa-Maria

Selbst wenn positivere Berichte in den dritten Programmen des öffentlich-rechtlichen Fernsehens laufen – welche jungen Leute konsumieren überhaupt noch diese Sender und sehen sich solche Sendungen an? Überhaupt habe ich den Eindruck, dass gerade jüngere Leute viele Vorurteile gegenüber der Landwirtschaft haben – vielleicht nicht auf dem Land, aber in den Städten.

Da ist der Bezug zur Landwirtschaft zu 100 Prozent verloren gegangen.

Strohschweinhalter Rainer

Wenn es im Dorf nur noch zwei Betriebe gibt mit einem Zaun drumherum, dann verliert man sogar auf dem Land den Kontakt zur Landwirtschaft. Die meisten Menschen haben den Bezug jedenfalls verloren – und schauen sich dann in den sozialen Medien heimlich gedrehte Videos in Tierställen an. Wenn sich solche Zustände vorfinden lassen, muss man sich auch nicht wundern, dass die Landwirtschaft kritisiert wird!

Biobauer Felix

Ich vermute, dass viele Vorurteile in Zusammenhang mit den Skandalen in der Landwirtschaft stehen, die in der Öffentlichkeit intensiv zum Thema gemacht werden. Wenn in einem konventionellen Betrieb etwas Negatives geschieht, wird diese Meldung lange warm gehalten. Wir stehen jedenfalls zunehmend unter kritischer Beobachtung.

Altenteiler Helmut

Das Ganze ist definitiv auch ein mediales Problem, nämlich dass Dinge immer wieder extrem aufgebauscht werden. Allerdings ist das nicht nur in der Landwirtschaft so. Da haben die Medien die Verantwortung, etwas gelassener, neut-

Mais gehört nicht nur zu den wichtigsten Nahrungsmitteln bei der Rindviehhaltung. Er wird auch für die Biogasanlagen gebraucht. Diese sorgen schließlich auch für Strom und Wärme in den Haushalten.

Foto: © Matthiesen&Wilk

Der Naturdünger (Gülle) darf nur in einem bestimmten Zeitraum auf den Schlägen ausgebracht werden – und das unterliegt strengen Regeln. Die bodennahe Ausbringung ist gesetzlich vorgeschrieben und vermindert den Geruch wesentlich.

raler und fundierter aufzutreten. Viele Menschen informieren sich auch nicht mehr groß, lesen nur noch die Schlagzeilen oder irgendetwas im Internet, in den sozialen Medien, und nehmen das dann für bare Münze. Dem vertrauen sie mehr als einem fundierten journalistischen Artikel oder Bericht. Man hat selbst keine Ahnung von der Materie, was auch nicht schlimm ist, aber kann es eben nicht mehr einordnen und glaubt nur noch Schlagzeilen oder Schlagworten. Das schaukelt sich dann hoch und wird immer weiter verbreitet.

Geflügelbauer Sven

Was die klassischen Medien betrifft, fühle ich mich oft nicht gut vertreten. Viele Print- und TV-Medien sind stark ideologisch geprägt und verwenden Begriffe wie „Giftspritze", obwohl dies nicht korrekt ist. Es ist offensichtlich, in welche Richtung sie die Diskussion lenken wollen. Durch ihre Berichterstattung tragen die Medien meiner Meinung nach dazu bei, eine aufgeheizte Stimmung zu schüren. Eine neutralere Berichterstattung über das, was tatsächlich geschieht, wäre wünschenswert.

Kohlbauer und Weidetierhalter Peter

Es hat eine extreme Sensibilisierung in Sachen Umwelt- und Tierschutz stattgefunden, und an beiden Themen ist die Landwirtschaft beteiligt. Damit steht sie automatisch im Fokus. Dann haben sich die Medien darauf gestürzt. Es war einfach greifbar mit den Bildern aus den Ställen und den Güllefässern auf den Feldern – und man braucht für alles eben auch einen Sündenbock.

Biobauer Armin

Die Kraft der Bilder, die vor allem in den sozialen Medien gezeigt werden, erzeugt und verankert bei den Leuten schnell eine falsche Meinung über die Landwirtschaft, vor allem beim Thema Tierhaltung. Früher hat man übrigens nicht so schnell geurteilt oder sich so schnell eine Meinung gebildet, sondern hat sich mehr informiert und über Hintergründe schlaugemacht. Heute ist kaum noch zu unterscheiden, welche Informationsquelle glaubwürdig ist – und dadurch bildet man sich schnell mal ein Urteil. Dazu kommt noch, dass dieses Urteil auch sehr hart ist. Da werden dann Phrasen herausposaunt, die man irgendwo gelesen oder gehört hat und die komplett aus dem Zusammenhang gerissen sind. Diese Mentalität finde ich sehr schade. Und sie trifft ja nicht nur unseren Berufsstand.

Milchbäuerin Katharina

„Der Landwirt ist zu einem Sündenbock geworden."

Der Landwirt ist jedenfalls der Schuldige geworden. Wenn irgendetwas ist, hat er im Prinzip Schuld, was gar nicht immer der Fall ist! Ich würde es mit dem Fußball vergleichen: Da sitzen eine Million Trainer auf der Bank. In Deutschland haben wir auf einmal auch Millionen „Landwirte" – jeder versucht mitzureden, ohne Ahnung zu haben; alle wollen bestimmen, wie unsere Arbeit aussieht. Schon allein, dass wir unter freiem Himmel arbeiten und die Natur unser Sein bestimmt, wird verkannt.

Ackerbäuerin Christa-Maria

Wenn Mangel da ist, steht man als Landwirt mitten in der Gesellschaft als wichtiger Ernährer. Sind aber genug Lebensmittel vorhanden, ist man wieder der Bösewicht.

Altenteiler Helmut

Wir sind jedenfalls oft nur noch die Umweltvergifter oder die Tierquäler – es kommen nur noch Skandale. Über das Gute wird kaum noch berichtet.

Strohschweinhalter Rainer

Ich habe allmählich Angst davor, dass Leute hier auf den Hof eindringen und Maschinen zerstören, auch aus Hass gegenüber Landwirten. Mutwillige Zerstörungen aufgrund ideologischer Sichtweise haben ja zugenommen.

Ackerbäuerin Christa-Maria

Foto: © Matthiesen&Wilk

Landwirtinnen und Landwirte fühlen sich durch die politische und gesellschaftliche Entwicklung immer stärker in ihrer Existenz bedroht.

Foto: © Privatfoto Michael

Früher spielte Michael in einer Band und liebte die Musik. Heutzutage gilt sein Herzblut vor allem den Kühen.

Bauer wollte ich anfangs überhaupt nicht werden – mittlerweile bin ich Landwirt aus Leidenschaft!

Michael (* 1983) aus Bayern
Milchbauer und Molkereibetreiber

Wir haben 65 Kühe und bewirtschaften 100 Hektar Land, davon 75 Hektar Acker und 25 Hektar Grünland. Wir haben außerdem eine Molkerei und eine Biogasanlage – womit wir quasi eine Kreislaufwirtschaft betreiben. Auf dem Hof arbeiten meine Frau und ich sowie meine Eltern. Außerdem haben wir sechs fest angestellte Mitarbeiter und sechs Minijobber.

65 Kühe sind für unsere Landwirtschaftsstruktur eigentlich normal. Wir gehören damit natürlich nicht zu den großen Betrieben. Denn wenn man heute baut, dann eher für 120 bis 200 Kühe. Wir leben hier sehr nah am „Knoblauchland" beziehungsweise in einer Region mit viel Gemüseanbau und entsprechend hohen Flächenpreisen. Aber uns reichen die 65 Kühe und die 100 Hektar Land: Wir machen Gras für die Kühe, und auf dem Acker geht es nur um Veredelung – also um Futteranbau für die Kühe und die Biogasanlage. Übrigens ist unser Futter absolut gentechnikfrei. Außerdem haben wir für unsere Kühe vor einiger Zeit einen neuen Kompoststall gebaut, wo sie automatisch gemolken werden – und einen Laufhof gibt es auch.

Den Hof hat schon mein Opa betrieben, später haben meine Eltern ihn übernommen. Ich habe nach der Realschule eine landwirtschaftliche Lehre und die Meisterschule absolviert. Unsere Biogasanlage haben wir schon in der Zeit meiner Ausbildung gebaut, und das für mich war Beste, was mir passieren konnte. Denn wenn man etwas selbst baut, weiß man gleich viel besser Bescheid und lernt eine Menge. Mit unserer Biogasanlage erzeugen wir übrigens Strom für 550 Haushalte. Zusätzlich betreiben wir eine Fotovoltaikanlage – so schließt sich der Stromkreislauf. Wir sind mit Strom und Wärme aus erneuerbaren Energien quasi klimaneutral, verstehen das auch als unseren Beitrag zur Klimawende.

Mit der Direktvermarktung haben schon meine Eltern angefangen, indem sie auf dem Hof Milch verkauft haben. Als meine Frau und ich den Betrieb übernommen haben, wollten wir mehr daraus machen. Allerdings darf Rohmilch nach geltenden Gesetzen nicht über die Hofgrenze hinaus verkauft werden. Deshalb haben wir uns dazu entschlossen, unsere Milch selbst zu pasteurisieren. So entstand die Idee zu unserer eigenen Molkerei. Dabei war uns gleich klar, dass wir die Molkerei langfristig auch brauchen, um die Biogasanlage wegen des Wegfalls der EEG-Vergütung zu substituieren. Mittlerweile stellen wir in unserer CO_2-neutralen Molkerei verschiedenste Milchprodukte her und haben dafür eine eigene Marke geschaffen. Wir verkaufen direkt auf unserem Hof und über unseren Online-Shop, kooperieren mit etlichen Hofläden und Geschäften in der Region und beliefern zusätzlich Cafés und Restaurants. Es wird immer mehr: Je mehr Produkte man herstellt und je größer der Bekanntheitsgrad wird, desto mehr Kunden kommen.

Übrigens, Bauer wollte ich anfangs eigentlich überhaupt nicht werden. Die Landwirtschaft hat mich zunächst wenig interessiert, zumal ich auch immer viel Musik gemacht und in einer Band gespielt habe. Aber irgendwann hat sich das bei mir völlig verändert – mittlerweile bin ich Landwirt aus Leidenschaft! Also, mein ganzes Leben lang mache ich eigentlich das, was mir Spaß macht.

Biogas und Fotovoltaik versorgen Molkerei, Stall und Wohnhaus mit Strom und Wärme – und gehören hier ganz natürlich zur Kreislaufwirtschaft.

Foto: © Privatfoto Michael

„Mich regt es auf, wenn ich mich immer wieder verteidigen muss."

Zu den schlimmsten Klischees gehört mit Sicherheit, dass wir Grundwasservergifter, Insektenvernichter und Bienentöter sind. Wo ich sage: „Mal ganz langsam!"

Kartoffelbauer Jürgen

Diese Verunglimpfung der Landwirte als Umweltsünder und Klimazerstörer, die gab es früher nicht. Da war der Misthaufen noch auf jedem Hof zu finden. Das hat niemanden gestört, und auch nicht, dass aus dem Haufen die Jauche herausgesickert ist. Heutzutage ist das ein großes Thema, womit die Landwirte zu kämpfen haben: Bauern zerstören unsere Umwelt. Mich regt es einfach auf, wenn ich mich immer wieder verteidigen muss – und das vor Leuten, die überhaupt keine Ahnung haben.

Altenteiler Helmut

Wir hatten in den letzten Jahren auf einem Acker Vogelnester – und das führte auch immer wieder zu Diskussionen, weil man als Landwirt unter dem Generalverdacht steht, man würde alles plattmachen. Wenn man dann aber sieht, dass in unserem Garten Feldhasen herumhüpfen, dann wird klar: So schlecht scheinen wir doch nicht zu wirtschaften. Außerdem gibt es bei uns ziemlich viele Störche. Und auch die würde es hier nicht geben, wenn nichts zu fressen da wäre.

Milchbauer Michael

Die erste Grasmahd im Mai ist für uns selbstverständlich immer ein besonderes Thema wegen der Rehkitze. Wenn ein Landwirt dann mal das Pech hat und ein Kitz ausmäht, dann steht er als Straftäter da. Das ist eine Katastrophe! Manche Bauern werden vors Gericht gezerrt – noch nicht einmal von dem Jagdpächter, weil der einsieht, dass das manchmal nicht vermeidbar ist, sondern von unbeteiligten Dritten. Und wenn dieses Tier gerettet wird und vier Wochen später auf einer Landstraße in ein Auto hineinläuft, weil der Autofahrer seine Geschwindigkeit nicht angepasst hat, obwohl dort ein Schild steht mit „Achtung Wildwechsel", bekommt der Autofahrer noch seinen Schaden bezahlt. Hier wird doch mit zweierlei Maß gemessen.

Altenteiler Helmut

Schon als Kind bin ich durch die Wiese gelaufen und habe die Kitze herausgeholt. Das war für mich immer selbstverständlich. Dass dies jetzt eine neue Mode sein soll, verstehe ich nicht. Prinzipiell geht man vor dem Mähen immer

Foto: © Claas

Immer mehr Landwirte suchen vor der Grasmahd die Flächen ab, um Rehkitze zu retten. Dafür werden oft Drohnen eingesetzt. Zusammen mit den Bauern engagieren sich auch Jäger und Ehrenamtliche für die Tiere.

durch die Felder. Natürlich kann man nicht ausschließen, dass man doch mal ein Tier erwischt – aber alle Mitarbeiter fahren zu der Zeit besonders vorsichtig und konzentriert. Mittlerweile unterstützen uns auch Vereine mit einem Drohnen-Kitz-Rettungsprogramm, was wir sehr begrüßen.

Ackerbäuerin Christa-Maria

Bei uns finden auch Rehkitz-Rettungen statt. Letztens gab es wieder einen Vorfall hier in der Gemeinde, wo beim Mähen ein Rehkitz angefahren wurde. Davon hat irgendjemand ein Foto gemacht und es hier in die regionale Facebook-Gruppe gestellt – woraufhin gleich Kommentare kamen und der Landwirt heftig angefeindet wurde. Aber er hat das nicht extra gemacht! Wahrscheinlich wurde vorher sogar noch eine Drohne eingesetzt und geschaut. Dass der Landwirt per se als Schuldiger dargestellt wird, macht wirklich keinen Spaß. Eben weil man so rackert, um alle gut zu ernähren – und dann wird man gleichzeitig permanent in die Pfanne gehauen. Das ist eigentlich das Schlimmste für uns Landwirte!

Milchbauer Michael

„Die Tiere waren schließlich vor uns da."

Vor dem ersten Grasschnitt, der bei uns relativ spät stattfindet, suchen wir natürlich gemeinsam mit den Jägern und der Wärmebild-Drohne nach Kitzen und sichern die Tiere. Dabei werden auch Hasen, Fasane und andere Wildtiere aus dem Feld gescheucht, sodass wir ganz beruhigt mähen können.

Milchbäuerin Katharina

Wir hatten mal ein Schreiadlerprojekt, für das ich 30 Hektar zur Verfügung gestellt habe. Aber dieses Projekt wurde mir quasi weggenommen, weil ich die betreffende Fläche nicht weiter von der öffentlichen Hand pachten konnte: Es hieß, wir würden als Großbetrieb gelten und man wolle das Land lieber an junge Leute geben. Jedenfalls war der Schutz des Schreiadlers plötzlich nicht mehr so wichtig – ein neues Vergabekriterium wurde relevanter als der Naturschutz. Das hat mich sehr erstaunt, zumal wir zehn Jahre lang das bedrohte Schreiadlerpaar geschützt hatten. Es gibt nur etwa 100 Brutpaare in ganz Deutschland, wobei Schreiadler pro Jahr nur ein Küken haben. Wir waren stolz darauf, diesen seltenen Vogel zu schützen, hatten schließlich auch extra Flächen für ihn angelegt, damit er immer ein Nahrungsangebot hat. Aber dann war das plötzlich nicht mehr gewollt.

Ackerbäuerin Christa-Maria

Zwischen Landwirten und einigen Wildtieren scheint es fast so etwas wie Freundschaft zu geben: Störche erkennen schon aus großer Entfernung, wenn der Bauer den Futtertisch für sie bereitet.

Foto: © Matthiesen&Wilk

Foto: © Privatfoto Jürgen

Viele Landwirte achten bei der Bodenbearbeitung im Frühjahr auf Bodenbrüter, wie hier auf das Gelege des Kiebitz.

Man muss wirklich bedenken, dass wir Landwirte viel für die Wildtiere machen: Das Grünland mähen wir wegen der Rehkitze extra später, und auf unserem Acker retten wir auch immer wieder die Kiebitze, die dort ihr Nest gebaut haben. Normalerweise müsste ich für jeden Kiebitz, den ich rette, Geld bekommen.

Kartoffelbauer Jürgen

Wir haben hier auch einen Eiskeller, aus dem ein Fledermausprojekt entstanden ist. Das sind Aktivitäten, die ich ganz toll finde und die mich faszinieren: Man macht nicht nur etwas für die Natur, man lernt auch selbst dazu. Überhaupt ist es für mich gerade auch als Landwirtin wichtig, den Tieren Lebensräume zu schaffen. Die Tiere waren schließlich vor uns da. Und auch wenn beispielsweise das Wild Schäden auf dem Acker verursacht, sind diese Flächen doch die natürlichen Lebensräume der Tiere. Mit diesem Grundsatz bin ich übrigens schon aufgewachsen – ich will mich damit arrangieren und freue mich auch an all diesen Lebewesen. Später habe ich außerdem festgestellt: Wenn ich ihnen Lebensräume schaffe, in denen sie sich aufhalten können, dann machen sie auch keine Schäden mehr auf dem Acker. Deshalb habe ich an den Wäldern Randstreifen mit besonderen Grasmischungen angelegt, wo sich das Wild aufhalten kann. Ich wiederum habe weniger Wildschäden und freue mich, die Tiere beobachten zu können.

Ackerbäuerin Christa-Maria

Feldhasen sind vom Aussterben bedroht. Mittlerweile zeigen engagierte Landwirte, wie es gehen kann, den Lebensraum der Feldhasen zu erhalten und gleichzeitig rentabel zu wirtschaften.

„Wir können einen Raum für Biodiversität etablieren."

Als Landwirt steht man jedenfalls ständig am Pranger. Die Insekten sterben und schuld sind einfach die Bauern mit ihren Pflanzenschutzmitteln. Die Leute wissen gar nicht, dass diese mittlerweile insektenfreundlich und bienenschonend sind. Sie kennen nur Glyphosat – und fragen gleichzeitig, ob sie davon nicht etwas zur Unkrautbekämpfung für ihren Garten bekommen könnten.

Altenteiler Helmut

Was mich sehr bedrückt hat, war das Thema Bienensterben, das vor ein paar Jahren durch die Medien gegangen ist. Natürlich war das per se eine wichtige Sache, aber damit hat man auch viele Bürger aufgeweckt, die plötzlich die Landwirte bekehren wollten, obwohl sie gar keine Ahnung von der Sache haben.

Strohschweinhalter Rainer

In der Vergangenheit habe ich mich auch aktiv für die Förderung der Biodiversität und den Schutz wild lebender Tiere eingesetzt, indem ich mehrere Blühstreifen und Blühwiesen angelegt habe. Diese Maßnahmen habe ich auch aktiv beworben, indem ich informative Schilder aufgestellt habe. Die Spaziergänger und Radfahrer, die dort vorbeikamen, blieben oft stehen, um mehr darüber zu erfahren. Und das Feedback, das ich erhalten habe, war äußerst positiv und ermutigend.

Kohlbauer und Weidetierhalter Peter

Neben Kriegen und der Klima- und Energiekrise haben wir auch die Krise durch das Artensterben zu bewältigen, um Biodiversität zu erhalten. Wir erleben Start-ups, die in China Mini-Drohnen konstruieren, die statt Bienen die Bestäubung übernehmen sollen. Es gibt auch Bilder von Menschen, die in Bäumen hocken und per Hand Blüten bestäuben. Das ist doch krank, da fällt einem doch nichts mehr zu ein! Und wenn es Landwirten so leicht gemacht wird, einen Blühstreifen anzulegen, wodurch dieses Problem gelöst werden kann, dann wäre ich als Bauer doch

Foto: © Matthiesen&Wilk

Von Landwirten angelegte Blühstreifen helfen den Bienen – und die Bienen helfen der Landwirtschaft.

schön blöd, es nicht zu tun! Denn es gibt keine technische Lösung für das Problem des Artensterbens – und wenn das so weitergeht und wir an einen kritischen Punkt der Biodiversität kommen, ist hier ganz schnell Feierabend. Das muss man so drastisch sagen.

Biobauer Felix

Das mit den Blühstreifen ist auch wieder so typisch: Auf der einen Seite spritzt man den Acker tot und baut 100 Dezitonnen Weizen an. Auf der anderen Seite legt man daneben einen Blühstreifen an. Im ökologischen Landbau ist das anders: Da habe ich den Blühstreifen schon mitten im Feld. Ich habe zwar weniger Ertrag, aber eine gewisse Diversität auf dem Feld. Ich persönlich finde diese Blühstreifen bescheuert, stattdessen habe ich Linsen-, Gersten- und Leindottergemenge, das sind schon mal drei Pflanzen auf einem Feld und in jedem Acker ist etwas Unkraut drin. Dann habe ich auch Grünland, das nur zweimal im Jahr gemäht wird. Das sind normale Maßnahmen, um Diversität zu fördern. Stattdessen gibt es oft genug Wiesen, die pro Jahr siebenmal gemäht werden – und dafür wird dann eine Wiese gar nicht gemäht. So funktioniert gerade unsere Politik, da könnte ich mir manchmal die Haare raufen! Aber es ist auch eine gesellschaftliche Frage: Was wollen wir?

Biobauer Armin

Wir haben für die Bienen viele Bienenweiden angelegt, etwa einen Hektar groß. Auf denen haben wir eine besondere Mischung an Pflanzen angebaut, die speziell auf die Insekten abgestimmt ist, darunter etwa Senf und Kleegras. Wenn das Wetter nicht gepasst hat, habe ich aber festgestellt, dass Unkräuter wie Brennnesseln oder Disteln alles überwuchert haben – was die Insekten eben auch nicht favorisieren. Da war also diese wunderschön angelegte Fläche völlig verunkrautet, und die Insekten blieben fern. Übrigens gab es da auch kein Rehwild mehr. Es war quasi ein Unland. Aber auf den anderen Flächen, die wir bearbeitet und gemäht haben, war eine viel größere Insektenwelt vorhanden, ebenso viele Vögel. Das war ein ausgewogenes Wild-Verhältnis. Da war ich echt erstaunt und habe für mich festgestellt: Was wir mit den Bienenwiesen machen, ist doch nicht das Nonplusultra. Man muss eben ausprobieren und dann auch feststellen dürfen, dass es keinen Sinn ergibt.

Ackerbäuerin Christa-Maria

Wir machen aktuell eine Pflanzaktion und erweitern eine Streuobstwiese mit 42 Obstbäumen um einen viertel Hektar. Das hat im Endeffekt auch etwas mit dem Wildtierschutz zu tun, weil dadurch wieder kleine Biotope entstehen.

Geflügelbauer Sven

Innerhalb unserer Agroforst-Systeme pflanzen wir viele Bäume. Das ist meiner Meinung nach die Lösung schlechthin. Denn die Biomasse wird einer der begrenzenden Faktoren in unserer regenerativen Energieerzeugung werden. Agroforst-Systeme schaffen mehr Biomasse, mehr Blüten sowie mehr Windschutz und Schatten – und sind natürlich auch für alle Tierarten ein großartiger Lebensraum. Sie sind das Schlüsselelement zwischen Landwirtschaft und Naturschutz. Mit Agroforst-Systemen können wir sogar Naturschutz betreiben, ohne etwas an Produktivität unserer Landnutzung einbüßen zu müssen. Wenn wir komplexe Agroforst-Systeme etablieren und Ökosysteme schaffen, die so vielfältig sind, wie wir es uns noch gar nicht vorstellen können, dann können wir auch einen Raum für Biodiversität etablieren.

Biobauer Felix

Foto: © Matthiesen&Wilk

Früher galt sie als Unkraut, heute ist sie selten und steht unter Naturschutz: die Kornblume. Mit ihren auffälligen blauen Blüten lockt die Pflanze im Frühsommer viele Insekten an.

Foto: © MR Dithmarschen

Mit den Tieren und den Ackerpflanzen zu arbeiten, war schon immer mein Ding.

Peter (* 1996) aus Schleswig-Holstein
Kohlbauer und Weidetierhalter

Schon als Junge fand Peter die Feldarbeit spannender als die Schule. Heute ist er ein hoch engagierter Agrarbetriebswirt.

Unser Hof in Dithmarschen umfasst 300 Hektar Ackerbau und 140 Hektar Grünland. Der Ackerbau setzt auf Kohl, Rot- und Weißkohl. Außerdem bauen wir Weizen, Raps, Hafer und Ackerbohnen an. Wir haben also eine schöne breite Fruchtfolge. Wir arbeiten konventionell und verkaufen alles an den Landhandel in der Nähe.

Zusätzlich halten wir draußen Mutterschafe sowie Mastrinder auf der Weide. Letztere stehen auf sogenannten Programmweiden: Dort fahren wir weder Gülle noch Mist, streuen keinen Dünger, spritzen nicht und halten nur eine gewisse Anzahl Tiere auf dem Hektar. So eine Mast können wir nur durch ein spezielles Landesprogramm betreiben, ansonsten wäre das nicht möglich: Da die Tiere nicht zugefüttert werden und nur das Gras auf der Weide bekommen, nehmen sie nicht so schnell zu und brauchen mehr Zeit. Damit gelten sie dann aber als Altrinder, und die bringen weniger Geld. Durch das Landesprogramm kommen wir damit aber sehr gut zurecht. Das Programm ist in unserer Region einzigartig, jedenfalls habe ich von nichts Vergleichbarem gehört. In der Hauptsommerzeit haben wir etwa 300 Rinder. Im Winter reduzieren wir auf 150 Tiere, die dann in den Stall gehen. Unsere 500 Mutterschafe bleiben dagegen das ganze Jahr draußen – nur in der Lammzeit von Ende Februar bis Mitte April kommen sie in eine große Mehrzweckhalle, die wir dafür zurechtmachen. Ansonsten laufen sie zwischen den Rindern oder bei einem Biobetrieb hier in der Nähe auf Kleegrasflächen. Die Schafe sind besonders gut für eine schöne Grasnarbe. Natürlich verkaufen wir auch die Lämmer. Außerdem betreiben wir fünf Windkraftanlagen mit insgesamt 7,8 MW Leistung, und auf den Hallendächern haben wir Fotovoltaik-Anlagen mit insgesamt 160 KW Leistung. Der so erzeugte Strom wird ins Netz eingespeist. Gegen Flächen-Fotovoltaik sträuben wir uns allerdings, weil der Boden unserer Meinung nach dafür viel zu wertvoll ist.

Unseren Hof gibt es bereits in der fünften Generation. Meine Urgroßeltern hatten sogar noch Schweine. Mittlerweile leiten mein Vater und ich den Betrieb, meine Mutter übernimmt vor allem Büroarbeiten. Außerdem arbeitet noch mein Onkel mit. Zusätzlich haben wir einen Lehrling bei uns. Wir sind auch gut aufgestellt mit variablen Arbeitskräften: Arbeitsspitzen während der Lammzeit oder der Kohlernte können wir durch Hilfskräfte abfedern.

Ich selbst habe nach meiner Schulzeit erst mal eine dreijährige Ausbildung zum Landwirt absolviert. Gelernt habe ich auf einem Biobetrieb, einem Milchviehbetrieb sowie auf einem konventionellen Gemüsebetrieb. Anschließend war ich für ein Praxisjahr in Neuseeland und Australien. Die großen Betriebe dort fand ich sehr beeindruckend – unter anderem habe ich dort 4.000 Hektar gedroschen! Anschließend bin ich noch zwei Jahre in Hildesheim zur

Foto: © Privatfoto Peter

Den Hof gibt es schon in der fünften Generation. Mittlerweile hat sich der Betrieb stark verändert. Für den Kohl wurden große Hallen gebaut.

Schule gegangen und mittlerweile staatlich geprüfter Agrarbetriebswirt. Im Familienbetrieb arbeite ich fest seit 2019 und so langsam bereiten wir nun die Übergabe vor. Dabei haben meine Eltern meiner Schwester und mir beruflich die freie Wahl gelassen und uns nie zu etwas gedrängt. Landwirt zu werden, war also meine freie Entscheidung. Ich fand es schon immer faszinierend, mit der Natur und den Tieren zu arbeiten; es hat mir von klein auf Spaß gemacht! Wie oft bin ich aus dem Fenster gesprungen, habe meine Hausaufgaben nicht gemacht und dann hat meine Mutter mich am Feldrand eingesammelt. Insofern war schon früh klar, dass ich etwas mit Landwirtschaft machen werde: Mit den Tieren und den Ackerpflanzen, das war schon immer so mein Ding!

„Die meisten Leute wissen gar nicht mehr, was die Landwirtschaft für die Gesellschaft macht.“

Von allen Bedingungen, unter denen Landwirte arbeiten und leben – beispielsweise das hohe Arbeitsaufkommen, das unternehmerische Risiko, das schwankende oder geringe Einkommen – ist das Thema des gesellschaftlichen Klimas eindeutig der belastendste Faktor.

Milchbauer Michael

Das veränderte gesellschaftliche Klima finde ich schockierend, und es gibt mir sehr zu denken. Ich frage mich, warum die Gesellschaft heutzutage so eine andere Haltung gegenüber der Landwirtschaft einnimmt. Vermutlich liegt das zum Teil an der gegenwärtigen Politik, die ein ganz neues Weltbild geschaffen hat.

Ackerbäuerin Christa-Maria

Früher gab es aber auch viel mehr kleine Höfe und die Leute hatten Kontakt und Verbindung dazu. Heute ist das völlig anders: Die meisten Leute wissen eben gar nicht mehr, was die Landwirtschaft für die Gesellschaft macht. Kaum jemand kann noch sagen, wo der Liter Milch herkommt – und was alles getan werden muss, bis die Milch im Kühlregal steht. Insofern ist die Landwirtschaft auch nicht mehr in

Landwirte haben den Eindruck, dass das gesellschaftliche Klima heute von Halbwissen und Vorurteilen bestimmt wird, wenn es um ihre Arbeit geht.

Foto: © Matthiesen&Wilk

die Gesellschaft integriert. Und das ist auch für uns das schwierigste Thema.

Strohschweinhalter Rainer

In der Generation meiner Eltern oder Großeltern war etwa ein Drittel der Bevölkerung direkt in der Landwirtschaft tätig. Und da hat jeder gewusst, was es bedeutet, den Rübenacker zu hacken oder jeden Morgen früh aufzustehen, um die Kühe zu melken. Heute weiß das keiner mehr. Und darum fehlt auch die gesellschaftliche Wertschätzung für die erzeugten Produkte.

Geflügelbauer Sven

Früher waren die Landwirte selbst aber auch dichter an der Gesellschaft dran: Sie hatten mehr Zeit, um in der Öffentlichkeit Präsenz zu zeigen und die Gesellschaft mitzugestalten. Welcher Landwirt hat heute noch die Möglichkeit, im Gemeinderat oder im Vorstand des Sportvereins zu sitzen, oder den Beruf in der Feuerwehr zu vertreten? Kaum jemand. Wir haben uns selbst in eine Arbeitsfalle manövriert und uns deswegen aus dem öffentlichen Leben zurückgezogen.

Kartoffelbauer Jürgen

Gleichzeitig wird aber auch so viel zerredet ohne echte Kenntnis – ob es nun um die Kühe oder um die Molkerei geht. Wenn eine Kuh nach der Geburt festliegt, macht das niemandem Spaß. Muss eine Kuh nach zwölf oder 13 Jahren gehen, ist das auch nicht schön. Aber dass die Kuh zum Schluss verwertet wird – das ist eben der Kreislauf des Lebens. Dass das so abgestritten wird, macht es schon schwer.

Milchbauer Michael

Wenn ich mit Gästen in unserem Wirtshaus über meine 1.000 Schweine diskutiere und ihnen erkläre, was ich alles in ein einzelnes Schwein investieren muss, bis es so groß ist, dass ich es verkaufen kann, und was ich dann am Ende vom Geld übrig habe: Da merkt man sofort, dass sich die meisten noch nie Gedanken darüber gemacht haben. Gleichzeitig glauben sie, wenn man heutzutage zwei Kühe und fünf Schweine hält, dann sei das der natürliche Bauernhof.

Strohschweinhalter Rainer

Ich glaube, es wäre wichtig, bereits in der Schule wieder mehr Wert auf Kochen und Ernährung zu legen. Kinder sollten die Möglichkeit haben, auf Betriebe zu gehen, Kartoffeln zu sammeln, Kohl zu schneiden oder sogar beim Melken zuzuschauen.

Kohlbauer und Weidetierhalter Peter

Wenn Eltern ihren Kindern nicht beibringen, was Landwirtschaft ist und was sie bedeutet – woher sollen die Kinder es dann überhaupt wissen? Meiner Meinung nach ist das ein riesiges gesellschaftliches Problem und eine Aufgabe für die Politik.

Strohschweinhalter Rainer

„Der Unterschied zwischen Stadt- und Landbevölkerung ist immens."

Menschen, die aus den Städten kommen, wie bei uns aus Berlin, sind schon anders. Manche erwerben hier günstige Wohnobjekte, die ein bisschen heruntergekommen sind – und werden gelegentlich sogar zu Störenfrieden. Die Städter, die auf das Land kommen, wollen hier günstig wohnen und ihre Ruhe haben. Sie sind es, die sich beschweren oder Landwirte sogar anzeigen, weil nachts der Hahn kräht oder der Schlepper zu laut ist. Andere wohnen hier nicht, sondern machen Urlaub. Fragt man dann höflich, ob ihr Hund unbedingt auf dem Acker herumlaufen müsse, auf dem schließlich Lebensmittel angebaut würden, ist man sofort der Böse. Oder wenn man im Mai die Hundebesitzer aus der Stadt höflich darauf hinweist, dass Kitze im Feld sein können und die Hunde doch bitte anzuleinen sind, kommt meistens eine Antwort wie: „Mein Hund tut nichts." Oder es stehen genug Schilder an der Straße „Achtung Wildwechsel" – aber die Leute brettern trotzdem durch und fahren dann ein Reh an. Anschließend kommt das große Gejaule, das Reh müsse zum Tierarzt – und dann muss man wieder ganz höflich erklären, dass da nichts mehr zu machen ist.

Ackerbäuerin Christa-Maria

Foto: © Matthiesen&Wilk

Kühe auf der Weide: ein beglückender, aber seltener Anblick. Und nicht nur für viele Kinder sind die Wiederkäuer fremde Wesen.

Trotz der positiven Resonanz von Einheimischen und Touristen in unserer Region stehen wir vor einer Herausforderung mit den Neuzugängen aus Hamburg und Berlin. Viele von ihnen suchen hier Ruhe und möchten nicht gestört werden. Doch als Landwirte sind wir vom Wetter abhängig, und das kann manchmal zu Konflikten führen. Es kommt sogar vor, dass Landwirte angezeigt werden, wenn sie nachts Gülle fahren. Doch das tun sie ja nur, um tagsüber Staus zu vermeiden oder weil die Wetterverhältnisse es anders nicht zulassen.

Kohlbauer und Weidetierhalter Peter

Mich stört einfach diese Gleichgültigkeit – ob es sich um Urlauber handelt oder um Menschen, die sich einen alten

Hof gekauft haben und regelmäßig hierherkommen: Es geht um diese Haltung „Wir brauchen jetzt Ruhe". Deshalb soll sich alles nach ihnen richten. Dann darf kein Hahn mehr krähen, man darf am Wochenende mit dem Schlepper keine kleinen Arbeiten erledigen, obwohl man sie machen muss – unsere Biogasanlage muss manchmal eben auch am Sonntag gefüttert werden. Diese Leute wollen hier zwar billig leben, aber sie passen sich nicht an und sie haben auch keine Wertschätzung uns Landwirten gegenüber. Wir haben mittlerweile ein Klima, da wird irgendetwas propagiert und alle springen auf den Zug auf. Und das ist eine ganz große Gefahr für uns. Auf jeden Fall gibt es in meinen Augen schon eine klare Stadt-Land-Problematik.

Ackerbäuerin Christa-Maria

Auf scherzhafte Weise macht sich die Landbevölkerung über die Städter lustig. Dahinter steht aber tatsächlich eine Spaltung, die immer spürbarer wird.

Foto: © Blechwaren Fabrik Braunschweig

Der Unterschied zwischen Stadt- und Landbevölkerung ist immens. Das haben wir selbst eindrücklich erlebt, als wir mit unseren Milchprodukten auch in Städten unterwegs gewesen sind. Naiv wie wir waren, fanden wir das städtische Potenzial für uns großartig. Aber dann mussten wir feststellen: Für die Stadtbevölkerung sind wir thematisch so weit weg, dass sie uns und was wir anbieten gar nicht versteht. Wir sind regional, wir sind CO_2-neutral und nachhaltig – aber all das scheint für die Städter völlig fremd zu sein, beziehungsweise mangelt es da total an Interesse. Natürlich ist es für Städter auch nicht ganz einfach zu verstehen, was unseren Betrieb mit der Kreislaufwirtschaft ausmacht.

Milchbauer Michael

Ich kann nur sagen, dass unsere Kunden, die aus den Städten kommen, zwar wenig Ahnung von Landwirtschaft haben, sich aber sehr bewusst um das Thema Ernährung kümmern und genau darauf achten, woher die Lebensmittel kommen. Insofern denke ich, dass gerade in der Stadt eine größere Wertschätzung vorhanden ist als auf dem Land.

Geflügelbauer Sven

Die Leute aus der Stadt sind mit Sicherheit weiter weg von der Produktion. Daher ist das Verständnis nicht mehr so da; es fehlt eben das Wissen. Zudem sind die Leute von der Natur entfremdet, obwohl sich viele nach ihr sehnen – nach einer Natur, wie sie ihnen in der Werbung versprochen wird. Und dann sind sie etwas durcheinander, wenn sie auf die Realität treffen. Erwartet wird Romantik und nicht unbedingt die Wirklichkeit, also eher Bullerbü statt Bauernalltag.

Kartoffelbauer Jürgen

Das stört mich wirklich: Diese völlig unpragmatische und altertümliche Vorstellung der Städter von der Landwirtschaft und in diesem Zusammenhang auch das Unverständnis für moderne Arbeitsweisen und die Wetterabhängigkeit.

Milchbäuerin Katharina

Um wirklich ein Verständnis zu entwickeln, müssten Städter raus aufs Land kommen und sich selbst anschauen, was auf einem landwirtschaftlichen Betrieb wie dem unseren eigentlich passiert. Sie müssten mit eigenen Augen sehen, dass sich zum Beispiel eine Kuh im Stall bewegen und hinlegen kann, wie sie will; dass ihre Milch nur 50 Meter weiter verarbeitet wird und nicht 100 Kilometer entfernt; was es heißt, Energie aus dem Kot und Urin der Tiere zu gewinnen. Wenn ein Mensch aus der Stadt das hautnah erleben und dafür Interesse oder Verständnis entwickeln würde, dann wäre viel gewonnen. Aber wenn von vornherein überhaupt kein Interesse besteht, vielleicht auch aufgrund mangelnden Wissens, dann ist es schwierig. Das finden wir überhaupt seltsam: Die meisten Leute haben ein Smartphone und könnten sich so gut auch über Lebensmittel und Landwirtschaft informieren, aber dazu kommt es bei den meisten gar nicht.

Milchbauer Michael

„In erster Linie geht es darum, dass die Ware günstig ist.“

Ein anderer Grund dafür, warum sich die Bevölkerung von der Landwirtschaft distanziert hat und der direkte Bezug zum Bauern verloren gegangen ist: Die wenigsten Landwirte sind Direktvermarkter. Die meisten bringen ihr Getreide oder ihre Tiere irgendwo hin – und das ist für Außenstehende eben nicht mehr nachvollziehbar und führt zu einer Entfremdung.

Geflügelbauer Sven

In meinen Augen ist die mangelnde Transparenz ein großes Problem: Ich habe gerade letztens erst einen Landwirt gefragt, ob er eigentlich wüsste, wo sein Schweinefleisch angeboten wird, wo ich seinen Schinken kaufen könnte. Er konnte mir das nicht beantworten. Denn an einem Ort wird das Schwein geschlachtet, an einer anderen Stelle zerlegt, und in welchem Supermarkt der Schinken zu guter Letzt landet, ist gar nicht klar. Weder gibt es eine Transparenz in der Produktion noch eine in der Vermarktung. Teilweise kann ich die Gesellschaft auch verstehen und nachvollziehen, dass sie da unsicher und kritisch wird. Dem Verbraucher ist nicht klar, dass das, was da im Supermarkt liegt, von uns kommt. Es fehlt die Verknüpfung und damit das Wissen.

Kartoffelbauer Jürgen

Foto: © BLE

Obwohl es wesentlich weniger von ihnen gibt, ernähren Bäuerinnen und Bauern heute zehnmal so viele Menschen wie vor 60 Jahren – das Ergebnis der technisierten Landwirtschaft.

Insofern spaltet sich da eben die Gesellschaft: Es gibt Menschen, die es wirklich interessiert, woher die Lebensmittel kommen, wie was angebaut wird oder wie Tiere gehalten werden. Dann gibt es einen Großteil in der Gesellschaft, dem die Wertschätzung fehlt und dem es in erster Linie darum geht, dass die Ware günstig ist – eben nach dem Motto „Geiz ist geil". Bei vielen hat das zwar wirtschaftliche Gründe, aber bei den Deutschen ist es auch generell so, dass sie weniger auf das Essen achten als beispielsweise die Italiener oder Franzosen.

Geflügelbauer Sven

Es ist überhaupt ein Problem, dass unsere Lebensmittel relativ wenig wert sind. Es gab mal Zeiten, da haben wir 50 Prozent unseres Einkommens für Lebensmittel ausgeben: Jetzt sind es nur noch 12 Prozent. Dabei sind Lebensmittel etwas absolut Elementares, in das viel mehr investiert werden müsste. Doch in der Politik heißt es, Lebensmittel müssen möglichst billig sein, damit das restliche Geld für möglichst viel Schwachsinn ausgegeben wird. Diesen Weg müssten wir jetzt verlassen, aber das bedeutet Vernunft und Verzicht – und da bin ich nicht sicher, ob wir dazu in der Lage sind oder ob wir die Karre gegen die Wand fahren.

Biobauer Armin

Früher hatte Essen einen viel höheren Stellenwert: Lebensmittel wurden mehr geschätzt, und man hat sich die Zeit genommen, um zu kochen und aus einem Produkt das Beste herauszuholen. Heutzutage greifen die Leute oft zu Fertigprodukten oder Schnellgerichten, die in wenigen Minuten fertig sind. Dadurch gehen der Bezug zum Essen und die Wertschätzung verloren – auch weil die Regale immer voll sind. Die Menschen wissen oft nicht mehr, wie wertvoll ein Stück Fleisch ist, da sie es jeden Tag essen können.

Kohlbauer und Weidetierhalter Peter

Insgesamt ist das jedenfalls eine zweischneidige Sache: Die Verbraucher wollen billige Lebensmittel – und billige Lebensmittel bekommst du eben nicht von Bullerbü, die gibt es nur in einer Hühnerfabrik. Insofern ist das eine scheinheilige Geschichte. Ich finde diesen Widerspruch jedenfalls unerträglich, uns auf der einen Seite zu romantisieren, aber auf der anderen Seite Billigpreise zahlen zu wollen. Das ärgert mich!

Biobauer Armin

„Die Landwirtschaft trägt definitiv eine gewisse Mitschuld.“

Allerdings hat auch die Industrialisierung der Landwirtschaft sehr stark zugenommen. Mittlerweile sind die meisten Tiere im Stall und werden zum Teil mit Futtermitteln von weit her gefüttert. Und das ist definitiv leicht zu kritisieren. Überhaupt ist Kritik an der Landwirtschaft, so industrialisiert und technisiert wie sie mittlerweile ist, teilweise angebracht. Sich aber als Landwirt hinzustellen und zu sagen „Ihr seid alle doof, weil ihr uns kritisiert. Ich mache hier doch Landwirtschaft, so wie es das Gesetz vorschreibt“, finde ich etwas zu einfach. Ein sensibles Thema mit einer fundierten Kritik zu versehen, ist für die Entwicklung einer Gesellschaft essenziell. Nur so können wir uns zu etwas Positiverem verändern! Deswegen brauchen wir eine Kultur, die mit dieser Kritik auch umgehen kann und sie nicht einfach abschmettert. Wir sehen ja einen Haufen Probleme in der Landwirtschaft, und wir brauchen Lösungen. Aber sich als Bauer hinzustellen und wegen jeder Kritik beleidigt zu sein, das ist nicht lösungsorientiert.

Biobauer Felix

Bei manchen Dingen sind die Landwirte auch tatsächlich selbst schuld: Früher fuhr man beispielsweise am Sonntag nicht mit dem Schlepper, höchstens mal in der Ernte. Mittlerweile wird sonntags sogar gepflügt oder gegrubbert – das muss aber nicht sein! Wenn das Niveau der Landwirte so weit absinkt, dass sie meinen, sie müssten am Wochenende arbeiten, dann gibt das berechtigten Ärger, besonders wenn es staubt oder stinkt. Gleichzeitig gibt es auch Betriebe, bei denen es sehr rustikal aussieht. Das kann doch nicht im Sinne des Berufsstandes sein. Auch ist es nicht gut, wenn Bauern im Gasthaus nur über Landwirtschaft reden können, darüber jammern, wie schlecht es ihnen geht und offenbar gar kein anderes Thema mehr kennen. So muss man sich als Landwirt nicht verhalten.

Altenteiler Helmut

Die Landwirtschaft selbst trägt definitiv eine gewisse Mitschuld an den Verhältnissen. Vor allem gibt es viel zu wenig Werbung für uns Landwirte. Dafür geben wir einfach nicht genug Geld aus. Wenn man bedenkt, wie viel andere für Werbung ausgeben, fehlt uns das komplett. Wir gehen auch nicht offensiv nach vorn, sondern versuchen einfach, die Brände zu löschen, die andere für uns legen. Warum bekommen wir Landwirte es nicht hin, unser Geld zusammenzulegen, um unser Image aufzubessern? Jeder macht da so vor sich hin, aber auf Bundesebene bekommen wir es nicht hin.

Kartoffelbauer Jürgen

Für mich ist tatsächlich die große Frage: Wie konnte es nur zu so einem Image-Wandel kommen? Vom konventionellen Landwirt als großer Versorger mit tollen Produkten hin zum Chemiebauern?! Gleichzeitig frage ich mich: Wie konnten wir das zulassen? Ich denke, es ist eine Verkettung von verschiedenen problematischen Ereignissen. Doch die Vergangenheit können wir sowieso nicht ändern. Wir können aber daran arbeiten, dass wir es in Zukunft anders lösen. Deswegen ist es mir auch so wichtig, dass wir die Öffentlichkeitsarbeit in der Branche großschreiben und alle ein Stück weit nach draußen tragen, was wir tun. Denn was wir tun, ist verdammt gut!

Milchbäuerin Katharina

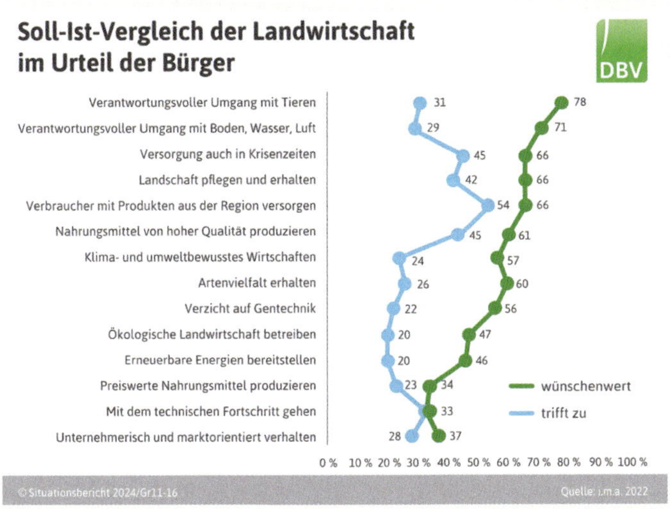

Foto: © DBV

Das Urteil der Bürger ist hart: Ihre Erwartungen an die Landwirtschaft sehen sie nicht erfüllt.

oland®
CHER LANDBAU
ebensmittel
Biolan
ÖKOLOGISCHER
Wertvolle Lebe

Foto: © Feneberg Lebensmittel GmbH

Es war einfach klar: wenn Landwirtschaft, dann Bio!

Armin (* 1969) aus Baden-Württemberg
Biobauer und Ölmühlenbetreiber

Der ehemalige Modellschreiner ist seit 1995 Biolandwirt aus Überzeugung und hat dafür auch eine landwirtschaftliche Ausbildung gemacht.

Zu unserem Biohof gehören 20 Hektar Acker und sieben Hektar Grünland mit einer kleinen Mutterkuhherde von zwölf Tieren. Außerdem gibt es 250 Legehennen und jedes Jahr etwa vier Schweine als Resteverwerter. Auf dem Acker bauen wir Dinkel, Roggen, Linsen, Gerste, Hanf und Gemüse an, zusätzlich jedes Jahr noch eine besondere Pflanze wie Lupine, Mohn oder Soja. Vielfalt war für mich schon immer ein Grundprinzip – und diese Vielfalt ist auf unserem Hof auch konsequent gewachsen. Außerdem betreiben wir noch eine Ölmühle und stellen neben Hanf- auch Raps-, Leindotter- und Leinöl her. Wir haben mittlerweile drei Ölpressen und eine kleine Abfüllstraße mit halbautomatischer Deckelverschlussmaschine und vollautomatischer Etikettiermaschine. Damit alles rund läuft, beschäftigen wir mehrere Minijobber – in der Ölmühle, als Allrounder auf dem Hof und in der Vermarktung.

Es war eigentlich immer klar, dass wir direkt vermarkten wollen. Und wenn man das will, kann man keine 1.000 Schweine oder 100 Hektar Weizen produzieren. Wir haben uns deshalb auf unseren Hofladen und auf Wochenmärkte konzentriert. Man muss dazu wissen, dass es Anfang der 1990er-Jahre kaum Strukturen für Biovermarktung gab. Man konnte nur selbst direkt vermarkten. Deshalb haben wir uns damals mit anderen Biobauern zusätzlich zu einer Erzeugergemeinschaft zusammengeschlossen, um unser Getreide gemeinsam zu vertreiben. Wir fanden auch einen Bäcker in der Nähe und haben dessen Brot aus unserem Getreide auf Märkten verkauft. Das ganze Gemüse läuft bei uns aber über den eigenen Ladentisch. Wir bauen nichts im größeren Stil an, dafür vieles, was man so braucht.

Konventionell zu arbeiten, war für mich nie ein Thema. Es war für mich gar keine Entscheidung, es war irgendwie einfach klar: wenn Landwirtschaft, dann Bio. Es gab auch kein Erlebnis, was mich zu Bio bekehrt hat – es war einfach keine Frage für mich. Die Überzeugung war von Anfang an da. Davon war mein Vater zunächst allerdings gar nicht begeistert – sein erster Kommentar dazu war: „Du grüner Spinner.“ Tatsächlich bin ich auf einem Bauernhof aufgewachsen, der konventionell gewirtschaftet hat. Das war für mich auch okay so. Meine Eltern hatten einen kleinen Schweinezucht- und Mastbetrieb, den sie zum Schluss aber nur noch im Nebenerwerb geführt haben und der eigentlich aufgegeben werden sollte. Denn meine vier Geschwister wollten alle nichts von Landwirtschaft wissen, ich als Jüngster eigentlich auch nicht. Ich war eher der mit der Brille, der etwas Intellektuellere. Damit will ich nur sagen, dass ich nicht als Bauer großgezogen worden bin. Ich bin zwar auf einem Hof aufgewachsen, aber es hat mich zunächst nicht sonderlich interessiert.

Nach der Mittleren Reife habe ich deshalb erst mal eine Ausbildung zum Modellschreiner gemacht und in diesem Beruf gearbeitet. Über Umwege bin ich dann aber doch auf die Idee gekommen, etwas mit Landwirtschaft zu machen. Und so habe ich mich entschieden, eine landwirtschaftliche Ausbildung auf zwei Biobetrieben zu absolvieren. Dann stand an, ob ich den elterlichen Hof übernehme oder nicht. Meine Mutter war sofort Feuer und Flamme von der Idee. Doch mein Vater konnte nicht verstehen, dass ich meinen Beruf als Modellschreiner wirklich aufgeben und in die Landwirtschaft gehen wollte, wo man doppelt so viel arbeiten muss und weniger verdient. Trotzdem habe ich parallel zu meiner Tätigkeit als Modellschreiner den elterlichen Hof zunächst im Nebenerwerb geführt. 1995 wurde mir der Hof dann überschrieben. Seit 1999 führen wir ihn im Vollerwerb, und anschließend habe ich noch den Landwirtschaftsmeister gemacht.

Foto: © Privatfoto Armin

Der Hofladen ist das Herzstück des Hofes. Hier wird alles verkauft, was Armin und seine Frau auf dem Betrieb anbauen.

„Wenn Wissen da ist, wächst auch das Verständnis.“

Würden wir die Schotten dichtmachen, einen großen Zaun um unseren Hof ziehen und sagen: „Ihr dürft hier alle nichts sehen“, dann wäre es doch wenig glaubwürdig, dass wir vernünftige Arbeit machen. Vernünftige Arbeit darf man auch zeigen.

Milchbäuerin Katharina

Man muss sich heutzutage als Landwirt transparent machen und die Leute mitnehmen, weil sich die Gesellschaft ansonsten immer mehr entfernt!

Strohschweinhalter Rainer

Aus meiner Sicht braucht es den direkten Kontakt der Landwirte zur regionalen Bevölkerung. Es nützt wenig, wenn im Fernsehen große Reportagen darüber gezeigt werden, wie schlecht es der Landwirtschaft geht – es schauen eh nur diejenigen zu, die es interessiert. Wenn ich aber erfahre, was der Bauer hier aus der Region macht, und der auch kommuniziert, wie er es macht und warum, dann kann die Akzeptanz in der Bevölkerung wieder wachsen – selbst wenn das ein langwieriger Prozess sein wird. Da kommt es aus meiner Sicht auch auf jeden einzelnen Landwirt an.

Geflügelbauer Sven

Gegen dieses Auseinanderleben von Verbrauchern und Erzeugern wollen wir etwas machen. Deshalb bieten wir auch die Bauernhofpädagogik an, damit diese Kluft überbrückt wird.

Biobauer Armin

Wir machen nebenbei immer Öffentlichkeitsarbeit für unseren Berufsstand, zeigen Kindergärten und Grundschulen unseren Hof. Dabei haben wir schon so häufig erlebt, dass die Leute erst mal mit Vorurteilen kommen, aber wenn man ihnen einiges zeigt und erklärt, brechen alle Vorurteile weg. Wann haben sie denn auch sonst die Möglichkeit dazu, einen Bauern zu befragen? Es gibt mittlerweile schon so viele Dörfer ohne Bauern. Gerade deshalb finde ich es wichtig, ihnen eine Anlaufstätte zu bieten. Es kommen auch Städter zu uns. Viele der Kinder haben Tiere noch nie richtig gesehen und erlebt – und sind begeistert davon, beispielsweise mal eine Kuh zu streicheln. Es ist jedenfalls total schön zu sehen, wie sie hier so richtig aufblühen und gar nicht wieder wegwollen!

Milchbäuerin Katharina

Ich engagiere mich auf kleinerer Ebene in der Öffentlichkeitsarbeit. Zum Beispiel bin ich ein Teil der Bildungsoffensive des Landwirtschaftsministeriums Schleswig-Holstein. Dort habe ich ein Thema ausgewählt, das ich mit Schülern der Klassen 5 bis 13 diskutiere und bearbeite. Außerdem arbeite ich eng mit der Landjugend zusammen und organisiere Veranstaltungen, bei denen wir mit den Besuchern über Landwirtschaft diskutieren.

Kohlbauer und Weidetierhalter Peter

Wir nehmen am Projekt „Bauernhof als Klassenzimmer" vom Land Hessen teil. Darum kümmert sich vor allem meine Frau. Nur leider haben wir damit auch einige negative Erfahrungen gemacht. Meistens sind es noch jüngere Schulkinder, die zu uns kommen. Wenn sie einen Stall mit 80 Milchkühen sehen, dann fragen sie tatsächlich, ob das Massentierhaltung sei. Da denke ich mir: Eigentlich ist es verkehrt, die Kinder auf den Bauernhof zu schicken. Erst mal müssten nur die Lehrer kommen, damit sie die Landwirtschaft kennenlernen, wie sie wirklich ist, also die Realität sehen. Dann können sie den Kindern auch etwas weitergeben. Denn vor allem sind es ja die Erwachsenen, die großen Einfluss auf die Kinder haben – was sie sagen, bleibt bei den Kindern hängen. Aber die Lehrer sind oft noch nicht einmal in der Lage, einen normalen Betrieb von Massentierhaltung zu trennen. Darüber hinaus sind die meisten von ihnen sehr voreingenommen und ideologisch angehaucht. Meine Frau wendet regelmäßig viel Arbeit und Zeit auf, um den Lehrern die Landwirtschaft zu erklären. Leider scheinen die wenigsten von ihnen ernsthaft interessiert zu sein.

Altenteiler Helmut

Wir haben auch regelmäßig Besuchergruppen auf dem Hof. Natürlich gibt es auch immer wieder Leute darunter, die erst mal kritisch sind und Abneigung zeigen. Fange ich dann aber an zu erzählen, ändern sie relativ schnell ihre Haltung und beginnen, sich richtig für uns zu interessieren. Wenn es dann bei Betriebsführungen in die Maschinenhalle geht, wo die Spritze steht, sind

Foto: © Privatfoto Rainer

Viele Landwirte ermöglichen Hofbesuchern einen Blick in ihren Stall – und geben ihnen damit die Möglichkeit, Tierhaltung hautnah zu erleben.

Der bundesweite „Tag des Hofes“ des DBV ermöglicht einen guten Einblick in die Landwirtschaft sowie direkte Kontaktaufnahme zu den Landwirten.

Foto: © Landvolk Niedersachsen

wiederum einige sehr überrascht: „Ach, ihr spritzt auch. Wir dachten, ihr seid ein Biobetrieb.“ Dann erwidere ich nur, dass wir konventionell arbeiten und erkläre, was wir mit der Spritze machen und warum wir das machen. Und dadurch entsteht und wächst das Verständnis. Zumal wenn ich dann noch erläutere, dass wir das Spritzen auch sein lassen könnten, wenn es Kunden gäbe, die auch die schrumpeligen oder vergammelten Kartoffeln kaufen würden – aber die gibt es eben nicht. Das Problem wird dann verstanden. Es ist eben so: Wenn Wissen da ist, dann wächst das Verständnis und dadurch eben auch die Wertschätzung.

Kartoffelbauer Jürgen

Es gibt immer wieder Tage des offenen Hofes oder andere landwirtschaftliche Veranstaltungen. Oft besuchen uns jedoch nur die Menschen aus der direkten Nachbarschaft oder solche, die bereits einen Bezug zur Landwirtschaft haben. Diejenigen, die diesen Bezug nicht haben, bleiben oft fern, obwohl sie meiner Meinung nach am meisten davon profitieren könnten. Es stellt sich die Frage, wie wir genau diese Personen erreichen können, wenn sie kein Interesse daran zeigen, woher ihre Lebensmittel kommen.

Kohlbauer und Weidetierhalter Peter

Wir versuchen, die Gesellschaft aufzuklären und machen unsere Landwirtschaft – soweit es geht – transparent, erzählen und erklären alles, was wir machen. Denn als Landwirte müssen wir uns einfach gläsern machen und die Gesellschaft mitnehmen. Zum Beispiel sind Kindergärten bei uns auf dem Hof. Manchmal kommen auch Schulklassen zu uns, und wir haben ebenso Schulpraktikanten. Allein unseren neuen Stall haben schon viele Schulklassen besucht. Alle waren begeistert und wir haben großen Zuspruch erhalten. Gleichzeitig sprechen wir oft mit unseren Gästen im Wirtshaus: Die Leute wollen viel wissen über unseren Ackerbau, die Schweinehaltung und so weiter. Und wir erklären, was wir tun und wie wir arbeiten. Da wird schon mal kräftig diskutiert, aber die Diskussionen sind durchaus gut. Das ist das Einzige, was wir machen können. Das andere muss die Politik machen.

Strohschweinhalter Rainer

„Wir können aufklären und eine Wahrnehmungsänderung erzielen."

Ich mache auch Videos und stelle sie ins Internet. Ob ich die Leute damit überhaupt erreiche und interessieren kann, das weiß ich aber nicht. Ich merke schon: Bei landwirtschaftlichen Maschinen sind die Leute Feuer und Flamme. Wenn wir aber zeigen, wie Lebensmittel hergestellt werden, dann ist schon weniger Interesse da. Und das verstehe ich überhaupt nicht.

Milchbauer Michael

Wir können in den sozialen Medien enorm viel erreichen: Wir können aufklären und eine Wahrnehmungsänderung erzielen. Da kann man mit Fotos oder Videos die eigene Arbeit präsentieren, den direkten Kontakt suchen und die Leute auch auf die Höfe einladen. Wir müssten zukünftig eine noch stärkere Öffentlichkeitsarbeit machen. Ich denke, damit könnten wir etwas bewirken. Wenn man ein Video postet, was ansprechend und unterhaltsam gemacht ist, kann man mehrere Tausend Menschen damit erreichen – das glaubt man manchmal gar nicht, wie viele es sein können! Unser Hochzeitsvideo auf dem Güllewagen hat 1,5 Millionen Leute erreicht. Ein anderes Video, in dem wir zeigen, wie Getreide abgekippt wird und das mit flotter Musik unterlegt ist, haben 40.000 Leute gesehen. Die sehen damit auch, dass wir Spaß an unserer Arbeit haben. Das ist, was wir wollen – nicht nur anklagen, sondern auch zeigen, dass wir unsere Arbeit mit Leidenschaft machen.

Ackerbäuerin Christa-Maria

Die sozialen Medien bieten tolle Möglichkeiten, sich Gehör zu verschaffen und den Menschen näherzubringen, was man macht. Aber es ist die Frage, ob das überhaupt diejenigen erreicht, die wütend oder genervt auf der Straße stehen, weil dort der Güllewagen vorbeifährt. Außerdem ist es viel Arbeit, regelmäßig in den sozialen Medien zu posten oder Videos zu präsentieren. Ich

Foto: © Landwirt schafft Leben GmbH

Immer mehr Landwirte sind bereit, sich auch den Medien zu öffnen – ob in klassischen TV-Sendern oder durch eigene Kanäle in den sozialen Medien. Sie berichten über ihre Arbeit, zeigen ihre Höfe und laden zu Diskussionen ein.

persönlich schaffe das nicht. Es kann aber auch sein, dass ich lieber auf der analogen Ebene unterwegs bin.

Biobauer Felix

Ich habe mal eine Besuchergruppe von 14 Leuten zu uns eingeladen, von denen ich wusste, dass sie sehr skeptisch gegenüber dem Einsatz von Glyphosat waren. Sieben von ihnen waren komplett negativ eingestellt. Ich habe sie herumgeführt und erklärt, wie und warum wir so arbeiten. Zum Schluss waren tatsächlich zwölf von 14 Personen positiv gestimmt. Einige wurden dann auch noch Follower unseres Social-Media-Kanals – das habe ich als große Wertschätzung uns gegenüber erlebt!

Kartoffelbauer Jürgen

Gleichzeitig muss man auch mit den konventionellen Medien zusammenarbeiten. Ich erhalte immer wieder Anfragen von TV-Sendern, Zeitungen und Radio. Bei einigen Berichten bekommt man zwar einen Schreianfall, aber der Wut freien Lauf lassen, bringt nichts. Man muss diplomatisch sein und viel Feingefühl haben im Umgang mit den Medien. Es geht jedenfalls immer wieder um Transparenz und darum, zu zeigen: Das mache ich, dafür stehe ich ein, das ist meine Arbeit und das ist eine tolle Arbeit! Als Landwirtin muss ich nach vorne gehen und sagen: „Ohne uns geht es nicht, ihr braucht uns!" Auch wenn wir bundesweit immer weniger Betriebe werden: Wir sind da – und wir möchten bleiben!

Ackerbäuerin Christa-Maria

„Natürlich liegt es auch an uns selbst!"

Bei einigen meiner Kollegen scheint wenig Bedürfnis vorhanden zu sein, die Kommunikation zu verbessern. Vielleicht liegt das auch daran, dass sie in ihrem Arbeitsalltag so gefangen sind. Ich sage dann, lasst uns die Tür doch mal wieder aufmachen. Aber sie haben Angst, überhaupt eine Gruppe einzuladen, weil sie meinen, dass dann irgendetwas Nachteiliges für sie daraus erfolgt. Das ist natürlich ein Kernproblem: Wenn ich nichts von meiner Landwirtschaft zeige, dann können die Leute auch nichts erfahren. Wir Landwirte haben es jedenfalls ganz lange verpennt, uns der Öffentlichkeit zu erklären. Wir müssen den Fehler auch bei uns selbst suchen! Insofern sind wir nicht ganz unschuldig an der derzeitigen Situation. Viele Landwirte hat nicht interessiert, was Werbung, Vermarktung oder Öffentlichkeitsarbeit angeht. Wenn die Milch vom Lkw abgeholt wurde, war ihnen alles andere quasi egal.

Kartoffelbauer Jürgen

Mehr als wir jetzt schon machen, kann man aber nicht. Man soll nicht abgehoben oder eingebildet sein; man kann den Leuten ruhig zeigen, dass man mit Fleiß und Ehrgeiz zu etwas kommt. Dabei kann man sich mit Leuten unterhalten, und wenn Fragen kommen, kann man die beantworten. Wenn sich die Leute überzeugen lassen, ist es gut. Sind sie voreingenommen oder denken ideologisch, hilft eben alles nichts.

Altenteiler Helmut

In der Werbung findet man doch nur Fake-Bilder. Und die Landwirtschaft, die dafür produziert, hat nie gesagt, diese Bilder stimmen so nicht. Man hat sich dahinter versteckt, um das eigene Image zu verbessern. Authentisch und ehrlich sein, das ist wichtig in der Öffentlichkeitsarbeit. Und das würde beispielsweise bedeuten, den Schweinestall mit sechshundert Mastschweinen zu zeigen und zu sagen: „Diesen Schweinen geht es nicht schlecht. Sie haben Futter, aber laufen eben nicht auf der Wiese. Sie haben kein Sonnenlicht und müssen in vier Monaten ihr Gewicht haben, damit ich sie zu dem Preis erzeugen kann, den ihr bezahlen wollt."

Biobauer Armin

Natürlich liegt es auch an uns selbst – die Kommunikation der Berufseinheit ist teilweise katastrophal. Da werden Sachverhalte nicht richtig oder lückenhaft kommuniziert, obwohl Kommunikation heutzutage essenziell ist. Es gibt zwar viele Landwirte, die das anders und sehr gut handhaben, aber vor allem der Bauernverband hat natürlich seine eigenen Interessen. Als Landwirt ist man schon eher Einzelkämpfer, weswegen der Einzelne vielleicht schon an sich nicht so kommunikativ ist. Und das ist eben ein Problem, was viele unterschätzen: Wir sind eine Kommunikationsgesellschaft geworden. Das sieht man schon allein daran, dass sich fast jeder ständig im Internet und auf den sozialen Medien aufhält. Insofern muss man sich gerade als Selbstständiger, was man ja als Landwirt ist, auch damit beschäftigen.

Geflügelbauer Sven

Ich finde, der Bauernverband hat sich nicht ausreichend für die Akzeptanz der Landwirte eingesetzt. Vielleicht hätten auch wir Landwirte offener sein sollen, aber das erfordert natürlich viel Arbeit und Zeit. Es ist frustrierend, wenn der Nachbar einen nicht mag oder irgendjemand behauptet, dass Landwirte alles falsch machen. Wir arbeiten alle hart, und dann müssen wir uns auch noch solche Kommentare anhören. Das wünscht sich niemand. Deshalb hätten wir alle ein wenig daran arbeiten müssen.

Kohlbauer und Weidetierhalter Peter

Es kommt allerdings auch darauf an, wie man darüber spricht. Es ist immer schön, den Dialog mit den Menschen zu suchen. Und in den meisten Fällen bekomme ich auch ein positives Feedback. Anfeindungen basieren ja meistens auf Vorurteilen, und die können schnell widerlegt werden. Wichtig ist, wie man sich anderen Positionen gegenüber verhält: Gehe ich offen und tolerant heran, gibt es auch meistens eine vernünftige Gesprächsbasis. Der direkte Kontakt mit Menschen, die unseren Hof besuchen, beeindruckt mich. Insofern würde ich mir wünschen, dass noch viel mehr Höfe für die Öffentlichkeit geöffnet werden, dass wir mehr Menschen einladen, mit uns zu reden. Dabei sollten nicht nur Nachbarn im dörflichen Umkreis erreicht werden. Wir müssen vor allem auch die Städter zu uns holen!

Milchbäuerin Katharina

Sicherlich ist es das jetzt einfach gesagt, aber: Vielleicht wäre es aus all diesen Gründen sinnvoll, sich als Landwirt doch über eine kleine Direktvermarktung Gedanken zu machen – eben um aus der Anonymisierung herauszutreten, auch wenn man Milchlieferant für die Molkerei ist. Einfach um mit den Menschen in der unmittelbaren Umgebung ins Gespräch zu kommen und im Kontakt zu bleiben. Wenn ich jemanden persönlich kenne und mit ihm persönlich gesprochen habe, dann habe ich ein anderes Verhältnis zum Thema, als wenn ich nur irgendwo etwas gelesen habe.

Geflügelbauer Sven

Direktvermarktung ist auch im Bereich Öffentlichkeitsarbeit der Hit, denn sie zieht Menschen auf den Hof, mit denen man wiederum ins Gespräch kommt. Dadurch entsteht ein fruchtbarer Austausch, und es ist sogar schon häufig vorgekommen, dass wir durch Gespräche auf neue Ideen gestoßen sind. Das hat dazu geführt, dass wir uns noch motivierter vor die Menschen gestellt haben. Wenn man mit dieser Haltung seinen Betrieb präsentieren kann, dann ist Öffentlichkeitsarbeit ein Selbstläufer. Dann ist es keine Arbeit im eigentlichen Sinne, weil ich dadurch sogar noch mehr Energie bekomme. Welchen Grund gibt es dafür, einen Zaun um seinen Hof zu ziehen? Es kann ja nur bedeuten, dass man sich keiner Kritik aussetzen möchte. Aber wenn man etwas aus Überzeugung macht, dann kann man sich einer Kritik auch selbstbewusst stellen. Und wenn dann auch noch Bauernhofpädagogik hinzukommt, ist das großartig.

Biobauer Felix

Foto: © Privatfoto Sven

Hofläden bieten eine sehr gute Möglichkeit zur direkten Kommunikation: Die Verbraucher schätzen die frische Ware und die Landwirte den Kontakt mit den Kunden.

Foto: © Privatfoto Helmut

So komfortable Maschinen wie heutzutage gab es in Helmuts Jugend nicht: Da war Handarbeit angesagt statt Trecker zu fahren.

Nach dem Brand haben wir überlegt, als Bauern aufzugeben – haben dann aber doch weitergemacht.

Helmut (* 1954) aus Hessen
Altenteiler und Milchbauer

Wir leben hier am Rande vom Mittelgebirge und haben einen 165 Hektar großen Betrieb mit 45 Hektar Grünland und 120 Hektar Ackerland. Darauf bauen wir Silomais, Raps, Wintergerste, Weizen und Sommergerste an. Den Silomais und die Wintergerste brauchen wir vor allem als Futter für die Kühe; Raps und Weizen werden verkauft. Wir haben 85 Milchkühe, außerdem 80 Stück weibliches Jungvieh und 35 Stück männliches Mastvieh. Die Milch verkaufen wir an eine Molkerei. Bei uns auf dem Hof arbeiten meine Frau und ich als Altenteiler. Geführt wird der Betrieb allerdings seit einigen Jahren von unserem Sohn. Außerdem haben wir noch einen Auszubildenden. Ich selbst kümmere mich um die Fütterung der Jung- und Masttiere sowie anfallende Hofarbeiten, bin aber manchmal auch noch auf dem Acker unterwegs. Aber mit dem Melkroboter und dem ganzen Computerzeug habe ich nichts zu schaffen, das ist mir zu kompliziert.

Als ich 1968 mit 14 Jahren aus der Schule kam, wollte ich Landwirt werden – das war klar! Meine Eltern hatten damals einen ganz kleinen Betrieb in Ortslage mit rund 20 Hektar Fläche, 10 Milchkühen und insgesamt 20 Stück Vieh. Dazu kamen noch ein Traktor und ein Pferd. Das war alles. Zu der Zeit waren fast alle Betriebe so ausgestattet. Das waren alles Zwergbetriebe, die sich noch innerhalb der Ortschaft befanden. Aussiedlungen, wie wir sie jetzt haben, gab es damals noch nicht. Ich habe also bei meinem Vater eine Lehre gemacht, was damals so üblich war. Mein Vater war allerdings erst spät aus der Kriegsgefangenschaft zurückgekommen. Er war alt und krank. Im Nachhinein würde ich sagen, dass es ein großer Fehler war, auf dem elterlichen Hof zu lernen. Schließlich habe ich nichts Neues dazugelernt. Überhaupt war alles ziemlich rückständig bei uns, aber das hat damals keiner gemerkt.

Im Lauf der Zeit ist unser Hof natürlich gewachsen. Mein Vater kaufte den alten Hof eines Nachbarn auf. Damit hatten wir mehr Gebäude. Aber es waren veraltete Gebäude, wo man nur per Hand arbeiten konnte. Da musste man den Mist per Schubkarre aus dem Stall herausbringen und Futter per Hand hineintragen. Wir konnten auf diese Weise zwar mehr Tiere halten, aber das war echte Knochenarbeit! Nach meiner Heirat haben meine Frau und ich dann Anfang der 1980er-Jahre gemerkt, dass wir den Vorsprung, den andere Betriebe hatten, nicht mehr aufholen konnten. Die waren nämlich in der Zwischenzeit alle ausgesiedelt und entsprechend gewachsen. Aber da mein Vater kränklich war und ich in jungen Jahren noch nichts entscheiden durfte, hatten wir selbst viel Stillstand so mitten im Ort – und als ich später selbstständig entscheiden konnte und durfte, war der Zug für uns abgefahren.

1983 hatten wir direkt nach der Ernte ein ganz schweres Gewitter. Ein Blitz schlug ein und unser Hof brannte bis auf die Grundmauern ab. Das war eine Katastrophe! Natürlich haben wir daran gedacht, als Bauern aufzuhören und beruflich etwas anderes zu machen. Eigentümer des Hofes war immer noch mein Vater. Meine Frau und ich hatten den Hof von ihm nur gepachtet – man musste sich ja erst beweisen, bevor einem der Hof überschrieben wurde. Jedenfalls gab es nur noch eine Brandruine – und die Versicherung zahlte nur bei Wiederaufbau. Deshalb haben wir 1984 beschlossen, den Betrieb außerhalb des Ortes neu aufzubauen. Das war eine schwere und bitterböse Zeit, zumal wir eben richtig aussiedeln wollten und dadurch auch sehr hohe Erschließungskosten zu tragen hatten. Aber durch sehr viel Eigenleistung und Arbeit haben wir es geschafft – und seitdem ist der Betrieb in Etappen stetig gewachsen.

Foto: © Privatfoto Helmut

Anfangs hatte der Betrieb nur 20 Hektar. Im Lauf der Zeit ist er um ein Vielfaches angewachsen und wurde mit moderner Fotovoltaik ausgestattet. Mittlerweile wird der Hof von Helmuts Sohn geführt.

Foto: © Matthiesen&Wilk

BLICK NACH VORN

„Den Spruch „Wachse oder weiche" hasse ich aus tiefstem Herzen!"

Entweder wir werden größer oder man bleibt auf der Strecke. Das ist auch heute noch so. Die Höfe werden immer weniger, weil es sich nicht mehr lohnt – und dann werden sie von anderen Betrieben übernommen, die immer größer werden. Insofern wird die kleinbäuerliche Landwirtschaft von der Politik nicht unterstützt. Das ist nur Augenwischerei!

Strohschweinhalter Rainer

Bei „Wachse oder weiche" sind die Grenzen so ziemlich erreicht: Die meisten Betriebe können nicht weiter wachsen beziehungsweise nur dann, wenn sie den nächsten Betrieb übernehmen. Früher war es ganz einfach. Da hat man den Nachbarbetrieb übernommen, der vielleicht 20 Hektar groß war. Aber wer hört denn jetzt auf? Das sind doch schon richtig große Betriebe, und da geht es dann nicht mehr um 20, sondern vielleicht um 100 Hektar.

Kartoffelbauer Jürgen

Es kann passieren, dass die kleingliedrige Landwirtschaft irgendwann wegfällt, weil es zu einer industriellen Produktion kommt mit immer größeren Einheiten und mächtigen Kapitalgebern, die ganze Betriebe aufkaufen. Zum Teil liegt es aber auch an den Landwirten selbst, wie sie mit ihren Höfen und ihrem Erbe umgehen. Es hat ja jeder in der Hand, an wen er das Land verpachtet, wenn er es nicht selbst bewirtschaften will oder kann: Verpachte ich an den Meistbietenden oder will ich, dass der Pächter es ordentlich bewirtschaftet? Das sind eben die Entscheidungen. Und leider wird meist nur auf das Geld geschaut – ob bei der Verpachtung oder dem Verkauf.

Geflügelbauer Sven

Momentan ist im landwirtschaftlichen Bereich, also jedenfalls hier in unserer Gegend, ein absoluter Stillstand zu sehen, was das Thema Wachstum anbetrifft. Ich kenne Betriebe, die von 400 auf 200 Kühe reduziert haben. Das hat meiner Meinung nach verschiedene Gründe: Es fehlen Arbeitskräfte, vor allem aber ist es die politische Unsicherheit. Man weiß als Landwirt einfach nicht mehr, in welche Richtung es weitergehen soll.

Altenteiler Helmut

Ich denke, dass wir in Zukunft nur noch 100.000 Betriebe haben werden. Diese

Foto: © Matthiesen&Wilk

Höfesterben: Bis 2040 wird es, laut Experten, nur noch 100.000 Betriebe geben. Mehr als die Hälfte der jetzigen Betriebe wird nicht überleben. Besonders betroffen sind kleine Höfe, die die vielfachen Anforderungen nicht mehr erfüllen können.

werden dann allerdings hoch technisiert sein und es geschafft haben, gesund zu wirtschaften. Meine große Hoffnung ist aber auch, dass es nicht zu viele Betriebe sind, die der Industrie gehören, sondern dass auch noch Familienbetriebe erhalten bleiben. Was auch bleiben wird, denke ich, sind die Nebenerwerbsbetriebe: Es wird Menschen geben, die drei Tage in der Woche anderweitig ihr Geld verdienen und die restlichen Tage einen kleinen Hof bewirtschaften.

Ackerbäuerin Christa-Maria

Ich bin für die Zukunft auf alle Fälle ein Freund von kleinteiliger Landwirtschaft – gerade wenn man komplexe Ökosysteme für zielführend erachtet. Großbetrieben ist es gar nicht möglich, den Überblick zu behalten. Die Systeme, die daraus resultieren würden, wären weniger divers und würden dementsprechend weniger Lösungen schaffen. „Wachse oder weiche" ist jedenfalls eine Katastrophe. Es ist eine Katastrophe, dass wir so viele Betriebe verloren haben und so viele Großbetriebe jetzt für ganz merkwürdige Strukturen sorgen. Das ist auf jeden Fall ein Punkt der landwirtschaftlichen Historie, wo wir falsch abgebogen sind.

Biobauer Felix

Diesen Spruch „Wachse oder weiche" hasse ich aus tiefstem Herzen und finde ihn ganz, ganz schrecklich! Ich denke, dass in der Wirtschaft nicht der Große den Kleinen schlägt, sondern der Schnelle den Langsamen. Für mich gibt es andere Indikatoren für erfolgreiche Betriebe als nur das Wachstum, zum Beispiel Effizienz, Nachhaltigkeit, Klimafreundlichkeit oder auch soziales Engagement. Denn „groß“ ist nicht immer gleichzusetzen mit „gut“. Und deswegen finde ich den Spruch „Wachse oder weiche“ auch nicht richtig. Wenn ich mit 140 Kühen nicht zurechtkomme, wie sollte ich es dann mit dreihundert Tieren schaffen?

Milchbäuerin Katharina

„Es ist durchaus möglich, dass Deutschland mal keine Landwirtschaft mehr hat.“

Die Landwirtschaft wird in Zukunft bestimmt auch immer mehr digitalisiert und technisiert. Davor können wir uns nicht verschließen, auch weil es kaum oder nur noch wenige Arbeitskräfte in der Landwirtschaft geben wird. Außerdem ist doch gut, was uns die Arbeit erleichtern kann – und teilweise schon jetzt erleichtert.

Ackerbäuerin Christa-Maria

Auf jeden Fall wird es in Zukunft noch deutlich mehr um Mechanisierung und Digitalisierung gehen, vielleicht sogar in Kombination mit Künstlicher Intelligenz. Womöglich sind wir dann auch weniger auf Mitarbeiter angewiesen. Es kann aber sein, dass diese Entwicklung nicht unbedingt zu einem größeren Ansehen in der Gesellschaft führt. Dann könnte uns vorgeworfen werden, dass es ja nur noch Maschinen und Roboter sind und keine echten Menschen, die Landwirtschaft machen. Dann verlieren wir auch noch das menschliche Image. Aber diese Sachen werden kommen. Und wer sich vor dieser Entwicklung verschließt, den wird es in ein paar Jahren nicht mehr geben – wie in vielen anderen Branchen auch.

Kartoffelbauer Jürgen

Neben der Digitalisierung der Landwirtschaft wird es aber zukünftig genauso darum gehen, den Einsatz von Pflanzenschutzmitteln zu reduzieren. Insofern werden sich die konventionelle und die Biolandwirtschaft aneinander annähern.

Milchbauer Michael

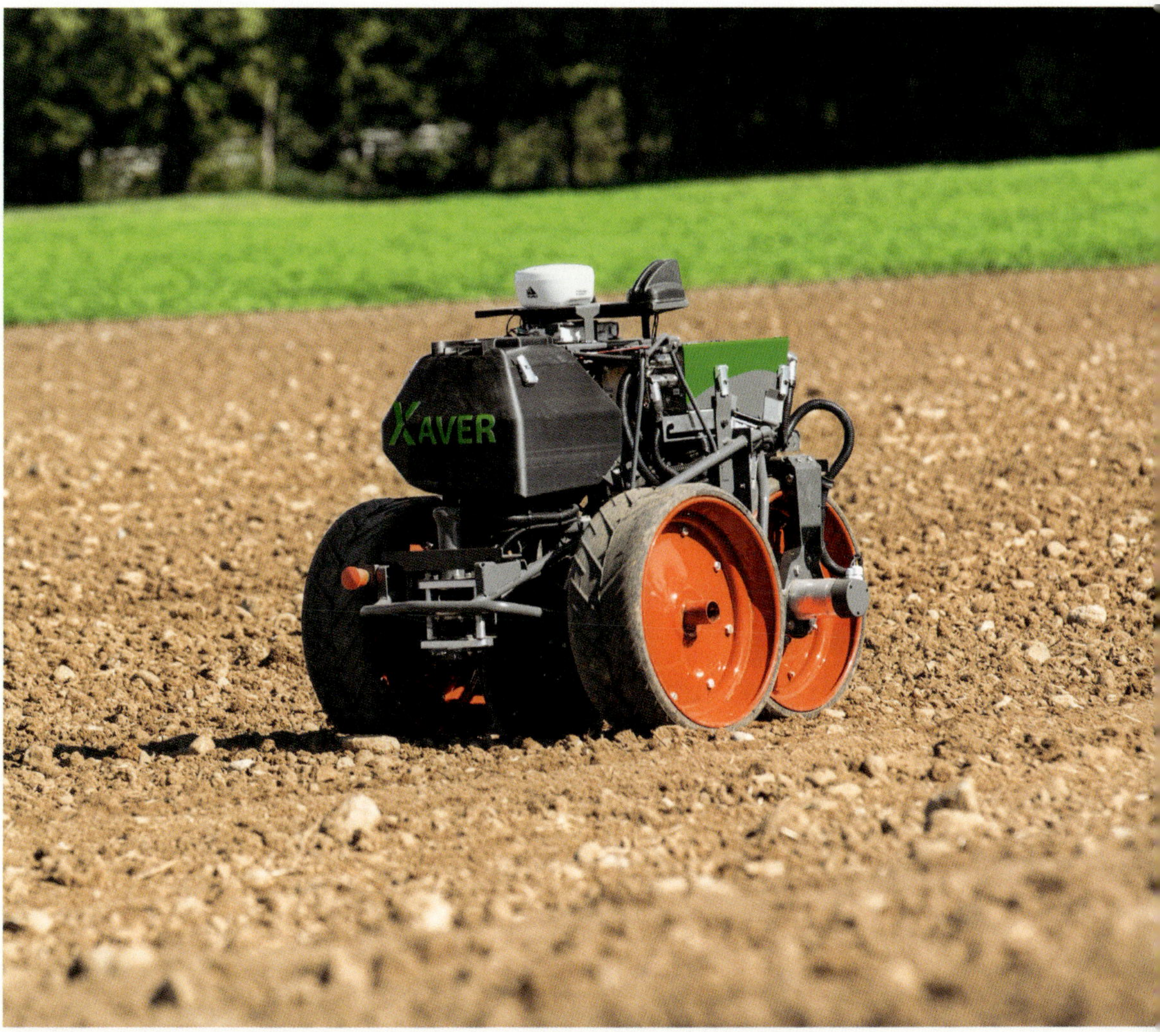

Foto: © AGCO GmbH

Noch sind sie nur auf den Versuchsfeldern unterwegs: autonome Feldroboter. Voraussetzung für ihren Einsatz ist eine verstärkte Digitalisierung der ländlichen Gebiete.

Ich glaube, dass gerade eine Bewegung hin zur regenerativen Landwirtschaft entsteht. Wir werden Ökosysteme noch viel besser regenerieren können, und das wird in meinen Augen der Schlüssel für unsere Zukunft sein.

Biobauer Felix

Ständig heißt es nur: Die Landwirtschaft muss grün werden, die Landwirtschaft muss Bio werden – aber auf wissenschaftliche Erkenntnisse wird nicht gehört. Also, ich weiß nicht, welche Perspektive die Landwirtschaft in Deutschland überhaupt noch hat.

Altenteiler Helmut

Ich denke, wenn man heutzutage als Bauer nur mit dem Markt mitschwimmt und Fleisch, Milch, Weizen und so weiter macht, dann muss man auch akzeptieren, was der Markt vorgibt. Aber wenn ich – bezogen auf meinen Hof, meine Fläche, meinen Familienstand und persönliche Belange – etwas aus meinem Betrieb mache, also mich von der Masse abhebe und etwas anderes mache, dann habe ich eine Chance. Als Landwirt muss man heute flexibel sein und eigene Ideen entwickeln.

Strohschweinhalter Rainer

Die zukünftigen Chancen für Landwirte liegen meiner Meinung nach vor allem im Aufbau einer eigenen Marke. Die schlechteste Entscheidung wäre, einfach nichts zu machen.

Milchbauer Michael

Für viele, gerade kleinere Landwirte, sehe ich Zukunftschancen in der Direktvermarktung, also die Produkte direkt an die Kundschaft zu bringen und mit den Kunden in Kontakt zu bleiben. Das wäre auch aus finanziellen Gründen wichtig, damit die Wertschöpfung im Betrieb bleibt.

Geflügelbauer Sven

Es ist aber auch durchaus möglich, dass Deutschland mal keine Landwirtschaft mehr hat. Wir holen uns die Lebensmittel dann einfach aus dem Ausland – es ist ja alles in Hülle und Fülle vorhanden. Insofern würde es gar nicht auffallen, wenn der eigene landwirtschaftliche Markt nicht mehr existiert. Dafür ist er mittlerweile zu klein und unwichtig. Schon jetzt gehen viele unserer Produkte, beispielsweise unser Qualitätsweizen, in erster Linie ins Ausland. Dafür kommen minderwertigere Lebensmittel aus dem Ausland zu uns.

Ackerbäuerin Christa-Maria

Rein wirtschaftlich könnte man schon annehmen, dass wir zukünftig unsere Nahrungsmittel aus dem Ausland beziehen. Dann wären wir jedoch extrem abhängig. Ich denke, dass das keine Gesellschaft und kein Staat möchte. So weit wird es also bestimmt nicht kommen, denn eine gewisse Grundversorgung möchte doch jedes Land beibehalten.

Biobauer Armin

Vielleicht muss hier in der Landwirtschaft auch alles mal zusammenbrechen, sodass die Leute Hunger haben – und mal zu schätzen wissen, was wir eigentlich machen. Dass ein Land ohne Landwirtschaft funktionieren kann, glaube ich jedenfalls nicht.

Strohschweinhalter Rainer

„Wir Landwirte müssen uns anpassen an das, was die Gesellschaft will."

Ich habe den Eindruck, dass die intensive Tierhaltung zurückgedrängt werden soll, während die Extensivierung immer weiter gefördert wird. Das bereitet mir Sorgen. Natürlich ist es mein Wunsch, dass landwirtschaftliche Betriebe wirtschaftlich gesund bleiben und sich weiterentwickeln können. Doch aufgrund von Klima- und Naturschutzbestimmungen wird dies zunehmend schwieriger. Es ist alarmierend, zu beobachten, wie immer mehr Betriebe aufgeben müssen. Was einmal verloren ist, wird oft nicht wieder aufgenommen.

Kohlbauer und Weidetierhalter Peter

In Deutschland wird es bestimmt so kommen, dass der Bauer ein Umwelt- und Naturschutzpfleger wird, aber kein Versorger mehr ist. Ich könnte mich

Foto: © Fraunhofer ISE

Fotovoltaik auf Stelzen – eine gute Idee. Die Kombination von Lebensmittel- und Energieerzeugung auf dem gleichen Acker könnte für viele Landwirte ein zweites Standbein werden.

darüber aber nicht freuen, weil ich mit Leidenschaft Weizen für die Versorgung produziere. Und dass ich den traditionellen Beruf der Landwirtin, den ich bewusst ergriffen habe, nicht mehr ausüben kann, würde Unmut in mir erzeugen. Dann wäre ich nicht mehr das, was ich heute bin. Damit könnte ich mich nicht identifizieren. Ich wäre jedenfalls sehr, sehr traurig, wenn sich das mal so entwickeln würde!

Ackerbäuerin Christa-Maria

Als landwirtschaftliche Branche kommen wir um zukünftige Offenheit und Flexibilität nicht herum. Insofern müssen wir Landwirte uns auch anpassen an das, was die Gesellschaft will – ob wir das nun für gut befinden oder nicht. Und wenn man an anderen Tätigkeitsbereichen Spaß entwickeln und sogar Geld verdienen kann – warum nicht?

Kartoffelbauer Jürgen

Ich wäre schon bereit für eine Veränderung. Ich sehe uns mittlerweile eher als Landschaftspfleger, weil es ja auch landschaftsprägend ist, was wir hier machen. Wenn wir dann für Umwelt- oder Landschaftspflege unser Geld bekommen, dann ist es eben so. Aber ich würde ungern meine Kühe abgeben, weil sie Teil des Systems sind. Viele vergessen einfach, dass das Grünland ein Drittel unserer Erde ausmacht. Es ist quasi die grüne Lunge.

Milchbäuerin Katharina

Auch Fotovoltaik könnte übrigens eine Möglichkeit für die Zukunft sein. Mein Traum wäre es, die Solarplatten in fünf Metern Höhe auf der Feldgrenze zwischen mir und meinem Nachbarn aufzustellen. Darunter würde ich eine kleine Blühwiese oder Hecke für den Naturschutz anlegen. Von oben würden wir damit die Sonnenenergie ernten und gleichzeitig etwas für den Naturschutz und gegen die Winderosion machen. Wenn man das Ganze rund denken will, wäre es toll, wenn wir uns mit der Nachbarschaft zusammen an die Stromtrasse anklemmen dürften. Dann könnte man darüber auch eine kleine „Dorfenergiewende" vollziehen. Das wäre gesellschaftlich sicherlich anerkannt, denn jeder Nachbar könnte quasi an der Energiegenossenschaft teilnehmen. Das wäre ein sehr smartes System. So könnte ich mir die Zukunft vorstellen.

Kartoffelbauer Jürgen

Wir könnten in Zukunft auch für Erholung in ländlichen Räumen sorgen: So viele Menschen fahren in den Wald, um sich zu entspannen – warum sollte das nicht auch auf landwirtschaftlichen Nutzflächen gehen? Überhaupt sehe ich in der Zukunft keine Trennung zwischen Naturschutz und Landwirtschaft.

Biobauer Felix

Wir könnten aber auch Bildungsbauern sein, indem wir Geld damit verdienen, Besuchergruppen und Schulklassen zu uns einzuladen und damit einen Bildungsauftrag zu übernehmen. Das ist in meinen Augen ein attraktiver Betriebszweig für die Zukunft.

Kartoffelbauer Jürgen

Insgesamt kann die zukünftige Landwirtschaft doch viele Aufgaben übernehmen: Sie kann sich auch mit Solar- und Windanlagen für die regenerative Energieversorgung engagieren, zusätzlich diverse Ökosysteme schaffen, Biomasse erzeugen und damit wiederum einen Lebensraum für Biodiversität schaffen.

Biobauer Felix

Es ist jedenfalls die Frage, wie die Landwirtschaft sich in Zukunft entwickeln soll, darf und will – und da sollte jeder Landwirt mal in sich hineinhorchen. Auch als Branche sollten wir schauen: Was gibt es für Trends? Wo kann es weitergehen, und wo sieht es schwierig aus? Tatsächlich kann ich als Landwirt nicht erwarten, dass die Gesellschaft meinen Beruf auf Ewigkeiten toll findet und honoriert – wie viele Berufe sind über die Jahrhunderte ausgestorben, weil sie nicht mehr gebraucht und überflüssig wurden?! Insofern ist es von Landwirten schon fast arrogant zu glauben, dass ihr Beruf ewig weitergehen muss. Das mag ein radikaler Gedanke sein, aber ich kann da mitgehen.

Kartoffelbauer Jürgen

Foto: © Matthiesen&Wilk

Hier locken erholsame Spaziergänge: Immer mehr Menschen suchen Auszeit in der Natur.

„Ich wünsche mir, dass die Politik uns stärker wahrnimmt."

Wir würden uns über die Möglichkeit zu mehr Eigenverantwortung freuen und über weniger Reglementierungen: Jeder Betrieb ist individuell. Man kann die Höfe nicht alle über einen Kamm scheren oder in ein Korsett zwingen.

Milchbauer Michael

Es wäre wünschenswert, wenn die Politik sich mit den Verbänden zusammensetzt und gemeinsam Richtlinien erarbeitet, die die Vielfalt der Landwirtschaft berücksichtigen. Denn die Landwirtschaft ist äußerst vielfältig, und man kann nicht ein starres Schema auf alle Betriebe anwenden. Es ist wichtig, dass dies verstanden wird, da sonst diese wertvolle Branche einfach abgeschafft wird.

Kohlbauer und Weidetierhalter Peter

Ich würde mir wünschen, dass das System umgestellt wird. Es geht immer noch nach Hektar. Dabei könnte man es komplett neu auflegen, zum Beispiel mit einer Basis-Umweltprämie für bestimmte Programme. Das Ganze könnte dann auch noch um Aspekte erweitert werden, die zu der jeweiligen Region passen. Man kann nicht einfach sagen, dass in Bayern auf der Alm genau die gleichen Bedingungen gelten wie in Schleswig-Holstein. Und da fände ich es schön, wenn es verschiedene Programme geben würde. Das wäre deutlich zukunftsorientierter als alles, was jetzt gerade passiert.

Milchbäuerin Katharina

Von der Politik wünsche ich mir, dass sich der Fokus bei den Förderungen weg vom Besitz und hin zu gesellschaftlichen, sozialen oder ökologischen Aufgaben verlagert. Man sollte Umweltschutzmaßnahmen oder soziales Engagement auf den Betrieben viel mehr fördern. Bei Letzterem denke ich beispielsweise an Betriebe, auf denen Menschen mit Behinderung arbeiten. Dass sich die Förderrichtlinien in dieser Richtung verändern, wäre ein Wunsch von mir – aber so richtig glauben kann ich daran nicht.

Geflügelbauer Sven

Insgesamt wünsche ich mir jedenfalls mehr Rahmen, mehr Planung, mehr Sicherheit. Gerade in puncto Fördergelder sollte aufgehört werden mit den ständigen Kürzungen. Stattdessen sollte man für gute Projekte gutes Geld bereitstellen und dafür sorgen, dass nicht alles auf den Landwirten sitzen bleibt.

Milchbäuerin Katharina

Ich wünsche mir vor allem mehr Planungssicherheit. Oft werden Gesetze gemacht, die einen zwingen, zu investieren – und plötzlich kommen dann wieder neue Auflagen. Da geht es dann schnell mal um 100.000 Euro, die dann weg sind. Ich wünsche mir, dass man für die Zukunft einmal in etwas investiert und dann erst mal Ruhe hat.

Strohschweinhalter Rainer

Für unseren eigenen Betrieb wünsche ich mir mehr freie unternehmerische Entscheidung statt politische Gängelung.

Altenteiler Helmut

Mein Wunsch wäre, dass Aufwendungen für Nachhaltigkeit stärker honoriert werden. Denn ich kann mir keine Zukunft auf diesem Hof vorstellen, ohne meinen Leidenschaften nachzugehen, was nachhaltige Lebensmittelproduktion anbelangt. So wie es aktuell um die Honorierung dieser Leistung steht, kann es nicht mehr ewig gut gehen.

Biobauer Felix

Von der Politik – wie übrigens auch von den Medien – wünsche ich mir mehr Verständnis und ein echtes Interesse. „Wo sind Eure Sorgen und Ängste? Wo und wie können wir Euch helfen?“ So etwas hören wir bislang selten.

Kartoffelbauer Jürgen

Von den Medien erhoffe ich mir eine neutrale Berichterstattung, die die Zuschauer nicht in irgendeiner Weise manipuliert.

Kohlbauer und Weidetierhalter Peter

Ich wünsche mir von den Medien, dass unaufgeregter berichtet und besser recherchiert wird.

Geflügelbauer Sven

Foto: © Privatfoto Peter

Guter Boden, gutes Wetter und gute Maschinen sind wichtig, aber vor allem muss ein Landwirt planen können – und das von der Saat bis zur Ernte.

„Von der Gesellschaft wünsche ich mir mehr Respekt vor Lebensmitteln, vor den Tieren und der Natur."

Ich wünsche mir, dass sich alle wieder bewusst machen, dass wir sowohl die Fläche als auch gute Böden haben, mit denen wir gute Erträge erzielen und mit denen wir Menschen gut ernähren können. Es gibt Staaten, die froh wären, wenn sie mit ihren Böden und ihrem Klima so aufgestellt wären wie wir.

Altenteiler Helmut

Foto: © Matthiesen&Wilk

Stärkeres Interesse an der landwirtschaftlichen Arbeit sowie an der Natur – das wünschen sich viele Bäuerinnen und Bauern von der Gesellschaft.

Ich wünsche mir von der Gesellschaft mehr Respekt vor Lebensmitteln, mehr Respekt vor den Tieren, den Böden und der Natur. Das fehlt mir bei vielen Menschen, das wäre mir sehr wichtig!

Milchbauer Michael

Mein Wunsch wäre auch, dass die Gesellschaft wieder weiß, was wie wo gemacht werden muss, damit hochwertige Lebensmittel produziert werden können. Und dass man kein Rindfleisch aus Argentinien einfliegen muss. Das ist doch überhaupt nicht nötig!

Strohschweinhalter Rainer

In diesem Zusammenhang wäre es auch wichtig, darüber zu informieren, wie stark unsere Branche mittlerweile überwacht ist, wie gründlich unsere Lebensmittel kontrolliert werden und wie unbedenklich die in Deutschland produzierten Lebensmittel sind. Ich finde, in diesem Bereich muss mehr Aufklärung betrieben werden, auch gerade im Hinblick auf Bio und Konventionell.

Milchbäuerin Katharina

„Ich habe den Traum, dass wir weiter gebraucht werden."

Mein Wunsch ist einfach, dass wir Landwirte in der Gesellschaft als wichtig wahrgenommen werden und dass unsere Arbeit auch wertgeschätzt wird – was wir machen und was wir leisten. Damit meine ich auch eine Wertschätzung gegenüber Lebensmitteln, sodass Brot nicht einfach weggeworfen wird, sondern dass man erkennt, dass da ganz viel Arbeit drinsteckt.

Ackerbäuerin Christa-Maria

Von der Gesellschaft wünsche ich mir, dass die Menschen zu den Betrieben hingehen und sich anschauen, wie sie wirtschaften. Sucht den Kontakt zu den Landwirten und hört auf, über sie zu reden. Sprecht mit ihnen!

Biobauer Felix

Von der Bevölkerung kann ich mir zwar wünschen, dass sie sich mehr mit der Landwirtschaft beschäftigt, aber ich beschäftige mich auch nicht mit allem. Und ich kann die Menschen auch verstehen: Alles ist anonym und wird nur spannend, wenn mal wieder ein Skandal durch die Presse geht. Es ist ja alles verfügbar, was wir brauchen. Und wenn es etwas bei uns nicht gibt, dann wird es eben aus dem Ausland geholt – egal, was es kostet. Man weiß eben Dinge erst zu schätzen, wenn sie nicht mehr da sind.

Geflügelbauer Sven

Ich habe jedenfalls den Wunsch, den Traum, dass wir weiter gebraucht werden, dass wir uns zusammen mit der Gesellschaft weiterentwickeln können und dürfen!

Kartoffelbauer Jürgen

Foto: © Matthiesen&Wilk

Der große Wunsch aller Landwirtinnen und Landwirte: Kommunikation auf Augenhöhe.

„Natürlich kommen auch Ängste und Zweifel!“

Die Zukunftsängste, ob und wie wir weitermachen, sind größer geworden. Mit 25 Jahren habe ich darüber gar nicht nachgedacht. Aber jetzt trage ich mehr Verantwortung, und damit wachsen auch Ängste und Zweifel. So wie mal ein Kumpel zu mir sagte: „Wir haben das, was wir geerbt haben, nur von unseren Kindern ausgeliehen.“ Ich habe schon Bedenken, ob es richtig ist, wie wir es machen. Mit dem heutigen Wissen scheint es zwar so zu sein – aber in der Zukunft werden wir sicherlich noch viel mehr Neues wissen und vielleicht auch sagen, das war totaler Blödsinn! Ich möchte von meinen Kindern in 20, 25 oder 30 Jahren jedenfalls nicht hören: „Papa, was habt ihr eigentlich damals für einen Mist auf dem Acker gemacht?“ Für mich ist ein ganz wichtiger Antrieb, das, was wir haben, auch langfristig zu erhalten – und nach Möglichkeit zu verbessern.

Kartoffelbauer Jürgen

Über die Zukunft mache ich mir schon meine Gedanken, zumal unser ältester Sohn auch in die Landwirtschaft einsteigen will. Ich hoffe, dass er eine Frau findet, die das akzeptiert. Sie muss ja selbst nicht von einem Hof kommen, aber sie muss das wollen. Und das ist nicht mehr selbstverständlich. Ich sehe bei einigen Höfen, dass sie deshalb sterben. Das macht mir natürlich auch Sorgen. Innerhalb der Landwirtschaft gibt es ja so einen ungeschriebenen Generationenvertrag: Man baut immer auf die nächste Generation. Insofern wäre mein Herzenswunsch, dass mein Sohn eine gute Frau findet, die hier mitmacht, und dass es mit unserem Hof weitergeht.

Strohschweinhalter Rainer

Ich habe Angst, dass wir nicht mehr so arbeiten können, wie wir es jetzt machen, dass nur noch Klima- und Naturschutz unser Leben bestimmen. Das ist schon sehr heftig geworden und kann bestimmt noch schlimmer werden, sodass wir vielleicht nur noch eine kleine Fläche haben, auf der wir Lebensmittel produzieren dürfen. Davor habe ich ganz große Angst.

Ackerbäuerin Christa-Maria

Natürlich kommen auch Ängste und Zweifel auf: Wie schaffe ich alles? Wie wird das Wetter? Bekommen wir noch eine Dürre dieses Jahr? Natürlich können wir immer viel Angst haben. Auch davor, dass heimlich Aufnahmen von meinen Tieren gemacht werden, die gerade nicht so gut aussehen – und diese Bilder dann im Internet landen. Ich kann auch Angst davor haben, dass mein Trecker kaputt geht, dass ich morgen riesige Rechnungen bekomme und so weiter. Wenn ich diese ganzen Befürchtungen, Zweifel und Ängste nicht hätte, dann wäre ich ja auch kein Mensch. Aber ich denke, dass meine Familie und ich sehr lösungsorientiert sind: Man kann Zweifel und Ängste haben, aber davon lassen wir uns nicht aufhalten, sondern haben eine klare Richtung und geben Vollgas. Wenn man positiv herangeht, dann wird es auch meistens nicht so schlimm.

Milchbäuerin Katharina

Was mir in dem Zusammenhang größtes Kopfzerbrechen bereitet, ist das Thema Geflügelpest. Das ist für uns existenzbedrohend. Wir hatten schon einmal Stallpflicht, haben aber gemerkt, dass gerade Gänse wirklich jeden Tag ins Freiland müssen, ansonsten gehen sie sich gegenseitig massiv ans Federkleid. Aber wenn das behördlich angeordnet wird, können wir nichts mehr machen. Dem sind wir dann ausgeliefert. Noch dramatischer wäre es, wenn in unmittelbarer Nähe oder gar auf unserem Hof selbst ein Verdachtsfall vorläge. Dann wird natürlich eine komplette Tötung angeordnet, da gibt es dann keine Diskussionen.

Geflügelbauer Sven

Die Raufe ist bei den Landwirten immer halb voll – trotz aller Ängste gehört Optimismus zur Lebenseinstellung.

Foto: © Privatfoto Peter

Foto: © Matthiesen&Wilk

Der Alltag eines Landwirts wird seit Generationen durch den Kreislauf des Lebens bestimmt.

Meine größte Angst ist, dass unsere Flächen irgendwann komplett durch Schädlinge wie den Drahtwurm verseucht werden könnten. Dann wäre der Anbau von Kartoffeln nicht mehr rentabel. Ich könnte nur ganz schwer damit umgehen, wenn ich meiner Leidenschaft wegen Schädlingen nicht mehr nachkommen dürfte. Das wäre ganz schlimm für mich! Denn ich bin gern Pflanzen- und Kartoffelbauer. Dazu habe ich große Lust und das macht mir Spaß. Wenn man mir das nehmen würde – das würde meinem Leben ein Stück Sinn wegnehmen.

Kartoffelbauer Jürgen

Ich habe es noch nie bedauert, Landwirt geworden zu sein. Jedoch fürchte ich mich vor der Zukunft angesichts der politischen Entwicklung. Ich bin unsicher, ob ich in 20 Jahren noch als Landwirt tätig sein werde. Es scheint, als ob den Landwirten durch die Politik die Luft abgeschnürt wird. Mein Ziel ist es aber natürlich, dass der Betrieb weiter- und in die nächste Generation übergeht. Das wäre etwas Wunderbares!

Kohlbauer und Weidetierhalter Peter

Echte Ängste, Zweifel oder Skepsis gegenüber unserer Zukunft haben wir nicht. Wenn man wandlungsfähig ist, an seine Sache glaubt und nicht jede neue Nachricht gleich aufgeregt und intensiv verfolgt, dann geht es doch ganz gut. Mein Opa war jedenfalls immer ein Bauer mit Leib und Seele – und er ist stolz auf das, was wir weiterführen.

Milchbauer Michael

„Wir denken schon über weitere Erwerbsquellen nach."

Wir versuchen, uns so flexibel wie möglich aufzustellen und wollen uns nicht auf ein Thema versteifen. Wenn in fünf Jahren keine Kartoffeln mehr gebraucht werden, dann sind es vielleicht Tomaten oder Möhren, die wir stattdessen anbauen. Meine Frau und ich machen uns außerdem Gedanken darüber, was wir außerhalb der Landwirtschaft zusätzlich aufbauen könnten. Im Bereich Bauernhofpädagogik würden wir gern ein größeres Bildungsangebot für Kinder schaffen, um ihnen die Landwirtschaft näherzubringen. Da sondieren wir gerade und versuchen ein Modell zu finden, um einen weiteren Betriebszweig und damit ein zweites Standbein aufbauen zu können.

Kartoffelbauer Jürgen

Ich möchte unsere Biogasanlage erweitern, außerdem Getreidestandort bleiben und ganz hochwertigen Weizen produzieren. Wir würden auch gern versuchen, ob wir zusätzlich Soja anbauen können, ebenso Hirse.

Ackerbäuerin Christa-Maria

Unser Betrieb ist festgelegt: Wir sind ein Milchviehbetrieb und werden es auch bleiben – und ich sehe nicht viel, was wir noch ändern könnten. Ich gehe auch davon aus, dass der Junior weiß, was er macht. Wenn er es allein nicht mehr schaffen sollte, wird er vielleicht die Mastbullen weggeben und nur noch die Kühe mit Nachzucht behalten. Vielleicht wird auch die Milchviehhaltung irgendwann nicht mehr das Hauptstandbein sein, sondern der Ackerbau. Weizen und Raps könnten als Verkaufsfrüchte in den Mittelpunkt rücken und die Wintergerste und der Silomais als Viehfutter genutzt werden.

Altenteiler Helmut

Ich plane, dass die Agroforstwirtschaft in naher Zukunft das Schlüsselelement auf unserem Hof sein wird. Da werden wir Nüsse und Früchte anbauen, da werden wir Holz für die Bauindustrie erwirtschaften oder unsere Pilzkulturen und Laub für unsere Rinder erzeugen. Einige Erzeugnisse werden dann zum Teil auch über das Tier veredelt in Form von Milch, Eiern und Fleisch. Ich sehe in der Zukunft auch Schweine und Hühner auf unserem Hof. Spannende Kreisläufe können sich ergeben, was den Garten oder die Gemüseproduktion anbelangt: Dass zum Beispiel der Mist aus der Rinderhaltung in den Garten wandert und die Gemüsereste zu den Schweinen; der Mist von den Schweinen könnte zum Apfelbaum gebracht werden, der wiederum Obst erzeugt. Eben solche Geschichten, dass mehrere Betriebszweige miteinander

Foto: © Privatfoto Sven

Wachsen wollen die meisten Landwirte nicht, aber alle möchten ihren Tieren ein besseres Leben ermöglichen. Dafür erhoffen sie sich die richtige Weichenstellung von der Politik.

verknüpft sind und auf diese Weise die Wertschöpfung unserer Nährstoffe erhöhen.

Biobauer Felix

Wir wollen nicht in Riesendimensionen wachsen, aber wir haben schon Ideen, uns zu erweitern. Beispielsweise, indem wir zusätzlich zu unserem bisherigen Geflügel auch Puten halten. Aber ich will jetzt nicht 10.000 Hühner haben oder so etwas. Denn bei uns ist es so, dass die Nachfrage größer ist als unser Angebot. Wenn ich mich vergrößern würde, wäre das eine große Entscheidung. Ich bräuchte mehr Grünland in der Nähe des Hofes sowie mehr Ställe, die auch noch größer sind. Das muss ich mir gut überlegen.

Geflügelbauer Sven

Ich habe erst mal noch einiges zu lernen, ehe ich komplett allein große Entscheidungen für die Zukunft treffen werde. Außerdem ist momentan auch die Familienphase mit unserer kleinen Tochter vorrangig. Insofern geht es zurzeit noch darum, mit den Gegebenheiten klarzukommen und meinen Weg zu finden. Darum will ich erst mal nur an kleinen Stellschrauben drehen, bevor ich dann am großen Rad drehe. Tatsächlich habe ich aktuell auch keine betriebliche Vision oder Utopie oder besonderen Wunsch, den ich in den nächsten Jahren umsetzen möchte. Der Betrieb ist von meinem Vater schon so gut entwickelt worden, dass ich sagen muss: Es ist gut so, und der Hof ist groß genug für mich.

Milchbäuerin Katharina

Meine Frau und ich haben uns vorgenommen, uns auf das zu konzentrieren, was wir auch wirklich gut vermarkten können. Wir wollen zukünftig mehr Gemüse anbauen und dafür vielleicht auch noch ein kleines Gewächshaus installieren. Außerdem planen wir, den Ackerbau zu vereinfachen: Wir wollen Miscanthus anbauen, eine Dauerkultur, damit wir weniger Arbeit haben. Vielleicht werden wir auch die Tierhaltung ein bisschen zurückfahren.

Biobauer Armin

Zum einen habe ich meinen neuen Stall mittlerweile bio-zertifizieren lassen, könnte also auch Bioschweine erzeugen. Wir wollten damit schon mal sicherstellen, dass auch unser Nachfolger ohne große bauliche Maßnahmen weitermachen kann. Zum anderen denken wir schon über weitere Erwerbsquellen nach. Schließlich muss es immer weitergehen, und wenn das eine Standbein nicht so gut laufen sollte, dann vielleicht das andere. Insofern überlegen wir, ob wir zusätzlich einen Hofladen zur Direktvermarktung einführen. Außerdem haben wir außerhalb der Ortschaft bereits erschlossene Grundstücke mit einem Stall und einer Halle. Dorthin könnte unser Sohn in ein paar Jahren unsere gesamte Landwirtschaft verlegen – das wäre sowieso mein Herzenswunsch. Dort könnten wir dann auch noch in einem ganz kleinen Stil eine Mutterkuh-Haltung etablieren, sodass wir noch mehr Produkte auch in unserem Wirtshaus anbieten könnten. Das sind so meine Zukunftsvisionen.

Strohschweinhalter Rainer

„Wir können noch sehr viel machen – da ist noch ganz viel Potenzial!"

Ich habe jedenfalls zwei große Ziele in meinem Leben: Ich möchte einen Beitrag gegen den Klimawandel leisten, weil ich aus eigener Erfahrung weiß, dass wir Landwirte eben direkt vom Klima abhängig sind. Und einen zweiten Beitrag möchte ich für die Ernährung von bald 10 Milliarden Menschen auf unserem Planeten leisten.

Biobauer Felix

Ich wünsche mir, den Betrieb irgendwann an meine Kinder weitergeben zu können. Deswegen ist es für mich auch ganz wichtig, sorgsam damit umzugehen. Ich glaube schon, dass die Landwirtschaft eine Zukunft hat. Momentan bin ich jedenfalls sehr positiv gestimmt und denke, dass wir noch sehr viel machen und verändern können. Da ist noch ganz viel Potenzial!

Milchbäuerin Katharina

Ich möchte aber auch an meine Kinder weitergeben, dass Arbeit – auch ein Haufen Arbeit – schön sein kann. Und wie schön es sein kann, wenn man am Abend oder nach einer Woche sieht, was man miteinander geschafft hat.

Strohschweinhalter Rainer

Meine Hoffnung ist es, dass ich in 20 oder 25 Jahren hier mit der nächsten Generation stehe und glücklich und zufrieden bin. Ich wünsche mir, dass der Betrieb weiterhin gedeiht, gesund wächst und auch Rückschläge überwinden kann. Und vor allem, dass ich den Betrieb auch in 25 Jahren noch habe. Ich möchte nicht gezwungen sein, zu verpachten, weil es keinen Sinn mehr hat. Das wäre für mich eine schreckliche Vorstellung.

Kohlbauer und Weidetierhalter Peter

Mein Wunsch und mein Traum ist es, hier bis zum Lebensende als Landwirtin auf dem Hof zu wirtschaften, dass ich weiterhin meine Mitarbeiter beschäftigen kann, Weizen produziere und dass wir in einer gesunden Umgebung leben. Dass wir einfach ein glückliches Leben mit der Landwirtschaft führen! Aufgeben kommt für mich nicht infrage. Ich bin bereit, meinen Betrieb anzupassen und zu verändern, aber ich möchte trotzdem Landwirtin bleiben in einer Form, die an das traditionelle Berufsbild anknüpft.

Ackerbäuerin Christa-Maria

Foto: © Landwirt schafft Leben GmbH

Die Weitergabe des eigenen Hofes an die Kinder war schon immer der größte Wunsch aller Landwirtinnen und Landwirte. Trotz schwieriger Lage ist er es auch heute noch.

CLAAS

AUSGERECHNET BAUER – EIN FAZIT

Das größte Glück empfinde ich in der Erntezeit, wenn das Getreide reift und ich die erste Weizenähre in der Hand halte, die beste Qualität aufweist. Das ist für mich die größte Zufriedenheit und das Ergebnis von einem Jahr Arbeit.
Ackerbäuerin Christa-Maria

Ich wollte das Lebenswerk meiner Eltern gern fortsetzen – und so bin ich Landwirtin geworden. Gleichzeitig schätze ich dieses Freiheitsgefühl: Ich habe ja im Prinzip keinen Zeitplan. Das Wetter bestimmt mein Leben, die Jahreszeiten bestimmen mein Leben und Sein. Mal gibt es Zeiten, in denen man viel zu tun hat und gar nicht weiß, wie man alles schaffen soll. Und dann gibt es Tage, an denen man einfach hinaus in die Natur fahren kann und die Stunden genießt.

Ackerbäuerin Christa-Maria

Wenn ich meine Schweine verkaufe und mir dabei bewusst mache, wie gut es ihnen gegangen ist, was wir mit ihnen für ein hochwertiges Lebensmittel produziert haben und dass die Kunden das auch zu schätzen wissen, dann freut mich das sehr.
Strohschweinhalter Rainer

Ich war schon immer ein Naturmensch – und eigentlich gibt es nichts Schöneres, als Landwirt zu sein! Obwohl man doppelt so viel arbeiten muss wie ein normaler Arbeitnehmer, aber man lebt eben im Einklang mit der Natur. Man baut an, gibt sich Mühe für eine gute Ernte und lebt mit den Tieren. Ich bin zufrieden. Für mich gibt es nichts anderes mehr, weil es wunderschön ist.

Strohschweinhalter Rainer

Foto: © Privatfoto Rainer

Dieser Beruf ist ein schöner Mix aus Tradition und Moderne: Er bietet immer neue Abenteuer, gleichzeitig aber auch Stetigkeit. Ich finde auch gut, dass man selbst dafür verantwortlich ist, wenn mal etwas schiefgeht. Man weiß, dass man es nicht so einfach auf jemanden abschieben kann, sondern muss die Verantwortung schon bei sich selbst suchen. Außerdem bin ich gern an der frischen Luft, und ich bin tierlieb. Da sich das in diesem Beruf so gut mischt, bin ich genau richtig, wo ich jetzt bin!

Milchbäuerin Katharina

Foto: © Matthiesen&Wilk

Das allergrößte Glücksgefühl habe ich, wenn ich die neuen Kartoffeln frisch vom Feld ausbuddele: Die erste Kartoffel im Jahr, die gönne ich mir selbst. Das ist toll, wenn ich weiß, alles ist gut – die ganze Arbeit von unserem Team hat sich gelohnt und trägt Früchte.

Kartoffelbauer Jürgen

Wenn Bekannte sagen, dass wir einen schönen Hof haben, dass wir es – wie man so schön sagt – geschafft haben, dann macht mich das stolz und glücklich.

Altenteiler Helmut

Die Freiheit als Landwirt – das ist für mich ein ganz großer Punkt: Frei entscheiden zu können, was ich auf den Feldern anbauen möchte, wie ich meine Tiere halte, welche ich überhaupt halten möchte und so weiter. Und der zweite Grund für den Beruf ist, Verantwortung für Tier und Pflanze zu übernehmen. Das finde ich schön, dieses Gefühl, für jemanden da zu sein und sich um ihn zu kümmern. Das war für mich schon immer unheimlich wichtig. Mittlerweile kann ich das auch übertragen auf die Kartoffel: Man mag das vielleicht nicht glauben oder lächerlich finden, aber ich leide tatsächlich mit den Pflanzen, wenn sie bei heißen Temperaturen die Köpfe hängen lassen.

Kartoffelbauer Jürgen

Ich bin nicht aus Berufung Landwirt geworden, sondern bin in diesen Beruf sozusagen hineingeboren worden. Es hat mir durchaus Spaß gemacht, aber dass ich nun ein fanatischer Bauer bin – nein, das kann ich nicht sagen. Ich habe allerdings nicht bereut, Landwirt geworden zu sein. Es war schon richtig so. Aber ich gehöre nicht zu denjenigen Bauern, die sagen: „Ich liebe diesen Beruf." Mein Wunschberuf ist es nie gewesen – ich mache Landwirtschaft, um davon zu leben, aber ich lebe nicht für die Landwirtschaft. Das ist ein großer Unterschied.

Altenteiler Helmut

Wenn ich im Frühjahr von unserem kleinen Hügel auf die Streuobstweide hinunterschaue, wo die neugeborenen Kälber ihre Bocksprünge machen und sich des Lebens erfreuen, während die Sonne das frische Grün erstrahlen lässt – dann sind das für mich absolute Glücksgefühle.

Biobauer Felix

Für mich ist der Herbst wichtig, weil man den ganzen Erfolg seiner Arbeit eingefahren hat. Im Winter wiederum gibt es nichts Schöneres, wenn alles mit Schnee zugedeckt ist. Das bringt Ruhe ins Gemüt, das ist unschlagbar!

Biobauer Armin

Ich habe eine große Leidenschaft für den bewussteren Umgang mit der Natur entwickelt sowie eine große Faszination für biologische Prozesse und wie wir sie nutzen können, um die Welt ein kleines bisschen leichter zu machen. Das auf unserem Hof umzusetzen – und zwar im Kontext der Nachhaltigkeit, um nachfolgenden Generationen einen noch schöneren Ort zum Leben zu schaffen – das ist für mich Beweggrund, warum ich als Landwirt leben möchte.

Biobauer Felix

Bauer zu sein, das ist für mich eine Lebensform. Ich mag das schöne Arbeitsumfeld, dass man seine Kreativität ausleben kann und keinen Chef hat. Zusätzlich hat man ein relativ breites Betätigungsfeld – allein handwerklich muss man so ziemlich alles machen. Dann geht es um die Neugier rund um den Boden und die Pflanzen. Außerdem finde ich es ganz wichtig, den Zyklus der Jahreszeiten wahrzunehmen, diesen Kreislauf des Lebens täglich zu leben mit allen Höhen, aber auch allen Tiefen. Als Landwirt lebe ich jetzt jedenfalls eine echte „Work-Life-Balance" – und ich denke, das war auch der Grund für mich, Bauer zu werden.

Biobauer Armin

Foto: © Privatfoto Felix

Der Beruf ist für mich jedenfalls etwas Tiefgründiges, da man das Leben in der Hand hat: Ich sehe, wie sich aus diesem kleinen Getreidekorn, das ich in den Boden setze, eine Pflanze entwickelt, die leben will. Mit ihr kann ich später Menschen versorgen. Das ist elementar!

Ackerbäuerin Christa-Maria

Foto: © Matthiesen&Wilk

Wenn ich sehe, wie sich das Getreide prächtig entwickelt und ordentlich in den Reihen steht, oder wenn ich morgens zu den Tieren auf die Weide fahre und sie dort zufrieden und ruhig in der Morgensonne und dem Tau sehe – dann bin ich ebenfalls ruhig, zufrieden und einfach nur glücklich.
Kohlbauer und Weidetierhalter Peter

Ich betrachte meinen Beruf als den Schönsten, den es gibt. Wenn es nur um das Geld ginge, würde man all die Aufgaben und Herausforderungen nicht durchstehen. Doch der Einklang mit der Natur und die Selbstständigkeit machen diesen Beruf so großartig!

Kohlbauer und Weidetierhalter Peter

Wenn ich abends im Stall bin, von Westen die untergehende Sonne hereinscheint und die Kühe gemütlich auf der Komfortliegefläche liegen, ist das einfach großartig!
Milchbauer Michael

Bauer zu sein, ist für mich eindeutig tiefste Berufung. Zum einen ist es unser Antrieb, im Einklang mit der Natur zu leben. Zum anderen ist es ein besonderes Privileg, sich selbst versorgen zu können, Produkte herzustellen, die man zum Leben braucht, also Lebensmittel. Das ist in meinen Augen das Größte, was man machen kann. Das ist essenziell.

Milchbauer Michael

Bei all dem Aufwand und der Verantwortung, die man als Landwirt trägt, muss man Sinn und Bedeutung in seiner Arbeit finden, sonst geht das nicht. Das Ganze, was wir hier machen, muss man mit Leidenschaft und Herzblut machen – ansonsten braucht man hier nicht arbeiten.

Kartoffelbauer Jürgen

Wenn man mit dem Herzen dabei ist, sehe ich den Beruf des Landwirts auch als Zukunftsperspektive für die nachfolgende Generation. Die Verdienstchancen sind, vorsichtig ausgedrückt, sehr gering – und wenn man es nur aufs Geld herunterbricht, dann müsste man jedem abraten. Überhaupt ist es kein Beruf, den man mal so macht, weil man nichts anderes gefunden hat.
Man muss das wirklich wollen und diesen Beruf als Berufung verstehen!

Geflügelbauer Sven

Wer viel Freizeit und viel Geld haben will, sollte beruflich etwas anderes machen. Für wen allerdings Kreativität, Selbstständigkeit, Selbstverwirklichung und ein sinnhaftes Leben wichtig sind, sollte sich überlegen, Bauer zu werden. Denn prinzipiell ist es für jeden eine tolle Chance, sein Leben zu leben. Man muss es aber wirklich wollen, sollte sich nicht so sehr mit den anderen vergleichen und sich selbst eine Nische suchen. Und dafür muss man Kreativität in sich tragen.

Biobauer Armin

Für mich ist das Schönste, bei den Tieren auf dem Hof zu sein. Ich habe gar nicht den Drang, durch die Felder zu streifen. Mich kann man eher zwei Wochen im Stall einschließen. Das ist für mich sogar entspannender als ein Urlaub.

Milchbäuerin Katharina

Ich glaube, dass die Landwirtschaft eine Zukunft hat. Wer zu 100 Prozent hinter der Landwirtschaft steht, für den gibt es eine Perspektive und einen Job. Für mich ist mein Beruf jedenfalls meine Berufung.

Milchbäuerin Katharina

Foto: © Privatfoto Katharina

Ich freue mich jedes Mal, wenn ich morgens zu meinen Tieren gehe und sehe, wie sie sich wohlfühlen. Mir geht es schon sehr darum, dass sie eine möglichst schöne Zeit bei uns haben. Denn vor allem habe ich Respekt vor dem Lebewesen.

Geflügelbauer Sven

Für mich ist das eine Herzensangelegenheit, so nach dem Motto: „Wenn Dein Beruf Deine Berufung ist, dann musst Du nicht mehr arbeiten." Mein Leben ist mehr oder weniger der Hof, abgesehen von meiner Familie. In gewisser Weise dreht sich immer alles um den Hof. Aber ich bin nichts Besonderes und auch niemand, der zu bemitleiden ist. Der Beruf Landwirt ist für mich ganz normal – und als Landwirt bin ich auch Teil unserer Gesellschaft.

Geflügelbauer Sven

Der Beruf ist mit all seinen Facetten immer noch erstrebenswert. Es gibt so viele Möglichkeiten und Perspektiven – ob in oder für die Landwirtschaft, ob in der Technik oder in der Forschung. Denn wir brauchen ja auch Praktiker, die die landwirtschaftliche Arbeit selbst erlebt haben und wissen, was man verbessern kann. Dann schaffen wir auch positive Veränderungen für die Landwirtschaft.

Ackerbäuerin Christa-Maria

Foto: © Privatfoto Sven

ÜBER DIE AUTOREN

Ernst Matthiesen (Jahrgang 1960) und Marion Wilk (Jahrgang 1961) sind seit mehr als 25 Jahren einzeln oder gemeinsam als Journalisten, Autoren und Filmemacher tätig. Sie arbeiteten bisher vor allem für den öffentlich-rechtlichen Rundfunk sowie im Auftrag von Unternehmen und Institutionen. In den letzten Jahren setzen sie verstärkt auch eigene Medienprojekte um, denn das Autorenpaar ist davon überzeugt, dass es immer wichtiger wird, gesellschaftlich relevante – aber wenig beachtete – Themen engagiert aufzugreifen und damit etwas anzustoßen.

Seitdem sie 2013 von Hamburg in die Elbe-Weser-Region gezogen sind, haben sie eine ausgeprägte Affinität zur Landwirtschaft entwickelt und beschäftigen sich vorrangig mit Themen aus dem „grünen" und ländlichen Bereich. So haben sie unter anderem bereits 2015 die zwölfteilige freie Filmdokumentation „Milch & mehr – ein Landwirt und seine Kühe" produziert, mit der sie den oft falschen oder verzerrten Vorstellungen vom bäuerlichen Dasein etwas entgegensetzen wollten. Die Doku-Reihe wird vor allem in der schulischen und außerschulischen Bildungsarbeit eingesetzt, hat von namhaften landwirtschaftlichen Organisationen viel positive Resonanz erfahren und außerdem eine ausdrückliche Empfehlung des Landesmedienzentrums Baden-Württemberg erhalten. Gleichzeitig haben die beiden Journalisten verschiedene Medienprojekte im Auftrag entsprechender Institutionen umgesetzt, beispielsweise eine mehrteilige Filmreihe über die Versteppung der Böden in Deutschland und Sibirien (im Kontext des „Kulunda-Projekts" des geografischen Instituts der Universität Halle) sowie diverse Projektdokumentationen für die „Gesellschaft für konservierende Bodenerhaltung".

Außerdem schauten sich die beiden Autoren den Umbruch der Landwirtschaft durch die Trecker-Einführung zur Mitte des 20. Jahrhunderts an – und zwar durch die Augen von Zeitzeugen, von denen es mittlerweile nicht mehr viele gibt. So entstand zunächst ihr Dokumentarfilm „Als der Trecker kam und das Pferd verschwand – Landwirte erinnern sich". Später folgte ihr gleichnamiges Buch mit mehr als 100 Abbildungen, das sich noch intensiver und umfangreicher diesem Thema widmet (beides im Programm des LV Münster). Auf diese Weise wollte das Autorenpaar dazu beitragen, die damalige Lebenswelt und -leistung der Bauern sowie die einmalige „Revolution auf dem Acker" und ihre Bedeutung für die Menschen in Erinnerung zu halten – gerade auch im Hinblick auf den heutigen Diskurs rund um die Zukunft der Landwirtschaft.

2021 erschien ihr Buch „Leben mit dem Lanz Bulldog – Geschichten von der Schlepperlegende" (ebenfalls im Programm des LV Münster), pünktlich zum 100. Geburtstag dieses einzigartigen Traktors. Darin erzählen 15 Lanz-LiebhaberInnen quer durch alle Altersschichten und Regionen Deutschlands von ihrer Leidenschaft für dieses Kultobjekt. Sie berichten von ihren schönsten und aufregendsten Erlebnissen rund um den legendären Einzylinder, der schließlich zu Recht als ein Stück Kulturgut betrachtet wird.

Mit dem vorliegenden Buch haben die beiden Autoren nun das Thema umgesetzt, das sie schon viele Jahre beschäftigt – und machen damit möglich, intensiv in die Gedankenwelt von Landwirtinnen und Landwirten einzutauchen.

Fotos: © Matthiesen&Wilk

DANKSAGUNG

Unser Dank gilt allen Landwirtinnen und Landwirten, die bereit waren, sich für dieses Buchprojekt vertrauensvoll zu öffnen. Das ist heutzutage und gerade bei diesem sensiblen Themenbereich schon etwas Besonderes. Wir danken ihnen ebenso dafür, dass sie sich für die Gespräche mit uns sowie für die Vorbereitungen darauf viel Zeit genommen haben – und überhaupt willens waren, sich mit den einzelnen Themen des Buches intensiv auseinanderzusetzen. Sie alle haben ihre Erfahrungen, Einschätzungen und Haltungen so authentisch, kompetent und kurzweilig vermittelt, dass wir nicht nur tief beeindruckt waren, sondern auch viel gelernt haben. Nun sind wir umso überzeugter: Landwirtinnen und Landwirte verdienen größten Respekt und höchste Anerkennung!

Gleichzeitig bedanken wir uns bei ihnen wie auch bei allen von uns angefragten Institutionen, Verbänden, Vereinen und Unternehmen ganz herzlich für die Bereitschaft, dieses Buchprojekt mit passendem Bildmaterial zu unterstützen.

Foto: © Matthiesen&Wilk

BILDNACHWEISE

AGCO GmbH: S. 163
Amazone: S. 69, S. 107
BLE: S. 27, S. 81 (rechts), S. 83, S. 139
Blechwaren Fabrik Braunschweig: S. 137
Claas: S. 123
DBV: S. 5, S. 29, S. 41, S. 52, S. 78, S. 88, S. 141
Deutscher Bundestag / Marc-Steffen Unger 2023: S. 92
Dorothee Warder: S. 47
Feneberg Lebensmittel GmbH: S. 11, S. 142
Fraunhofer ISE: S. 165
Fübbeker / Landwirtschaftskammer Niedersachsen: S. 32
Großmarkt Hamburg / H. Retzlaff: S. 81 (links)
Kreisbrandinspektion Coburg / A. Steinert: S. 44
Landvolk Niedersachsen: S. 148
Landwirt schafft Leben GmbH: Buchcover (mitte), S. 10, S. 15, S. 22, S. 25, S. 43, S. 111, S. 150, S. 179
LV Münster: S. 7, S. 16 (Höner), S. 34 (Tastowe), S. 115 (Huesmann), Buchrücken
Matthiesen&Wilk: Buchcover (oben), Inhaltsverzeichnis, S. 4, S. 6, S. 9, S. 12, S. 28, S. 38, S. 42, S. 55, S. 59, S. 60, S. 63, S. 64, S. 68, S. 71, S. 77, S. 79, S. 93, S. 102, S. 108, S. 110, S. 114, S. 117, S. 124, S. 126, S. 127, S. 129, S. 134, S. 136, S. 158, S. 161, S. 167, S. 170, S. 171, S. 174, S. 180, S. 183, S. 185, S. 189, S. 190
Michel Christen 2024 / European Union: S. 95
MLR: S. 105
MR Dithmarschen: Buchcover (unten), S. 11, S. 130
Privatfoto Armin: S. 145
Privatfoto Christa-Maria: S. 11, S. 57, S. 96, S. 99
Privatfoto Felix: S. 10, S. 66, S. 72, S. 75, S. 184
Privatfoto Helmut: S. 11, S. 154, S. 157
Privatfoto Jürgen: S. 10, S. 36, S. 112, S. 125
Privatfoto Katharina: S. 186
Privatfoto Michael: S. 11, S. 30, S. 118, S. 121
Privatfoto Peter: S. 18, S. 20, S. 133, S. 169, S. 173
Privatfoto Rainer: S. 11, S. 84, S. 87, S. 147, S. 182
Privatfoto Sven: S. 10, S. 48, S. 51, S. 101, S. 153, S. 176, S. 187
Statistisches Bundesamt (Destatis) 2024: S. 19

IMPRESSUM

Deutsche Originalausgabe:
LV.Buch im Landwirtschaftsverlag GmbH, 48084 Münster

1. Auflage 2024

Gestaltung:	Anne Gäng, Nadine Springeneer, LV MediaPro im Landwirtschaftsverlag GmbH
Titelgestaltung:	Anne Gäng, Nadine Springeneer, LV MediaPro im Landwirtschaftsverlag GmbH
Lektorat:	Melanie Suttarp, Landwirtschaftsverlag GmbH
Fachlektorat:	Guido Höner, Landwirtschaftsverlag GmbH
Herstellung:	LV MediaPro im Landwirtschaftsverlag GmbH, Anja Luszek-Hoffmann (Ltg.), Ingo Feyka
Druck:	aprinta druck GmbH, Wemding

ISBN: 978-3-7843-5782-9

www.lv-buch.de

MIX
Papier | Fördert gute Waldnutzung
FSC® C004592